设计背后的故事

序一

认识禾易建筑设计的前身HKG建筑设计公司已经有十多年，2013年诞生了禾易设计，看过他们很多的设计，认识他们的建筑师、设计师和领导层。中国人重视正名，名字象征着期望、本领、学问、前程和未来。建筑设计事务所的名字一定代表了这家事务所的理想和追求，他们的宗旨和理念。我在探究“禾易”的由来，我想“禾”一定是象征禾苗生气勃勃的茁壮成长，而“易”是汉字中含义最为深刻的一个字，古语说“生生之谓易”，“日月为易”，意味着阴阳、变易、修治、和悦。因此“禾易”的意义是生生不息，历史和发展趋向也充分体现了禾易设计的精神、期望和成长目标。

禾易设计从事的业务领域包括机场、酒店、博物馆、办公楼、产业园、创意园区、会议中心、餐厅、会所、历史建筑保护与更新设计等，着重室内设计，也有建筑设计和公共空间设计。建筑师和设计师应当无所不晓，无所不能。建筑师和设计师需要把握无数设计和制作的环节，具备深邃的美学修养和审美趣味，发挥创造性，挑战有关工艺、比例和审美的传统观念，处理各种复杂的现实因素，不断对相互矛盾的设计理论、建造过程和客户的要求做出反馈，必须扮演一大堆角色才能胜任日趋复杂的各种实践工作。这些角色包括艺术家、工程师、开发商、官员、经济学家、社会学家、生物学家、社会改革者、使用要求的捍卫者等等。

最令人们钦佩的是这样一个从规模上看绝对称不上“超级大国”的设计事务所，但是他们却创造出许多“超级大国”还没有实现的业绩。最让人们感动的是他们为了零的跨越，为了百分之一的可能而用百分之百的努力去实现理想。最使人们赞赏的是他们对理念和细节的追求，在设计上精益求精。这绝对是一个设计理念和细节决定成败的领域，一名优秀的室内设计师必须擅长从1:500以上比例的图纸，也能深入到1:1的足尺大样，从几万平方米到几平方米的设计，完成从策划、方案、设计到施工的全过程。需要准确把握空间、材料、材质、配比、性能、尺度、色彩、比例、围合、光线和照明，熟悉家具、陈设、灯具、帷幕的设计和制作工艺，需要懂得业主、使用者及其群体的心理、行为、习惯和爱好，通晓哲学、历史、文化、建筑、科学和艺术知识，身怀细腻的情感、诗意和灵感，熟谙历史上的案例，具有技术经济头脑，善于图纸和语言的表达，懂得沟通，甚至需要艺术家的绘画和装饰水平。只有具备这样素质和造诣的建筑师和设计师才能对自己所从事的事业充满信心，驾轻就熟地完成历史赋予他们的使命。从禾易设计的作品、经历和故事，让我们可以充分相信他们不吝使命的能力。

从筹办2010年上海世博会一开始，有关方面就下定决心要办出国际水平，在这个思想指导下，只认可国际水平的设计，进而将国际水平等同于国际建筑师和设计师，甚至以国际水平为理由排斥中国建筑师和设计师。禾易设计用设计的新概念和能力证明了中国建筑师和设计师也代表了国际水平，为世博会的重要项目上海世博洲际酒店承担室内设计。这是作为接待世博会贵宾的一座酒店，许多重要的活动在这里举行，因此也是世博会的标志。在几乎无前路可鉴的情况下，做出中国设计界的一个与众不同的五星级酒店设计，同时也使禾易设计异军突起，成为酒店室内设计的翘楚。禾易设计在酒店的室内设计中体现了现代与传统、东方和西方、中国和上海的多元文化特质，正是这一点深深打动了业主。由于禾易设计的敬业精神和专业素养，不仅进入了洲际酒店集团建议的设计顾问公司名录，而且还被推荐参与了上海瑞金洲际酒店的设计，也从此承担了一系列高端酒店的室内设计。让中国设计师的能力和水平得到了全球性酒店管理公司的认可和信服，创造了中国室内设计界的奇迹。

禾易设计在建筑的禅意设计方面独树一帜，源于建筑师和设计师深厚的文化素养和中国传统文化的功底。芬兰当代建筑师帕拉斯马曾经说过："造诣深厚的设计过程最终会使身处建筑中的业主、建筑师及每一位偶然的来访者感到自身的更为完美。"我参观过禾易设计的一些作品，身处这些作品中你就会有这样一种感觉，他们的作品是传统与现代的完美融合。一方面，他们设计了一些体现禅意的佛教活动场所，新的佛教建筑和道教建筑，禅意已经超脱了宗教的内涵。另一方面，禾易设计也在酒店、博物馆、会所、住宅和办公建筑等的室内设计中以细腻而又明白无误的传统元素表现中国建筑的意象。建筑讲究诗意和审美体验，创造生活的情趣，诗意和禅意是相通的，禅意是东方文化的瑰宝，在禾易设计的作品中人们能够对设计的韵外之致和艺术意境深切地加以意会。

我十分欣赏禾易设计主张的四个独一性及与各方面共同合作的精神。四个独一性是指地域的独一性、文化的独一性、空间的独一性和体验的独一性，这是建筑的生命力所在，也是建筑师和设计师的创造力表现。正因为如此，禾易设计的作品才会与众不同，才具有建筑师和设计师的独特风格和禾易设计的品牌。一件优秀的建筑作品必定是各方合作发挥主动性和创造性的结果，禾易设计的成长应当庆幸所遇到的项目和业主，他们的成就也是与业主、建设单位的共同努力的成果，互相从彼此的角度换位思考，在这方面也得益于禾易设计的沟通和交流能力。

作为一家有生命力，生生不息的事务所，已经培育起优秀的企业文化，已经形成自己独特的风格和传统，他们追求艺术感，追求人文底蕴。前面的路还很长，但是基础已经奠定，目标已经明确。愿禾易设计不断创造出越来越多的优秀作品。

郑时龄
中国科学院 院士
同济大学 教授
同济大学学术委员会 主任

序二

在几位好友的推荐下，趁周末之暇专程赴无锡马山，参观学习了由禾易公司设计的新作“无锡灵山小镇·拈花湾商业楼和度假物业”的建筑室内设计，观后感慨不已。从这个并不大的项目中，见微知著，我们看到了一个事务所的成长，设计者的成熟。这支从国营大院走出来的室内设计团队，有着根植于内心的那种严谨工作作风的基因和对设计梦想的不懈追求，即便在独立走向市场的过程中，他们始终追求着室内设计中对建筑空间的文化性和地域性的内涵表达，坚持着对建筑室内材料质感和细部精美的极致表现。

为了追求理想，这个完全由中青年组成的设计团队，放弃了许多有着丰厚经济回报的大型商业项目设计机会。寻找着有共同理想与信念的业主，关注着能给设计有自身大空间的小项目。从禾易公司初期自己办公楼室内设计到无锡蜗牛坊的改造，再到后来无锡灵山精舍的室内设计，灵山小镇·拈花湾项目只是禾易公司近几年完成的众多中小项目中的之一，一个具有典型性意义的案例。然而，难能可贵的是在这个典型性小项目中，却在解答困绕我们建筑设计界的一些大问题，什么是建筑文化内涵的设计表达？如何表现中国传统元素的现代性？虽然他们所提出的设计“答案”只是这些大课题中众多答案中的一个。但是我相信：每位参观过这组建筑室内环境的人，不但会认同这个建筑的室内设计，而且会被它所感动。因为设计者在本项目中，已将室内设计在这方面的表达与表现演化为一种具有宗教感染力的精神空间，使置身其中的每位参观者从视觉上对美的感受升华到了精神层面的享受与陶醉。当然，一个项目很难全面概括一个设计事务所，但能反映出这个设计团队的追求和他们的成长与成熟，尤其是当这个项目所具有的典型意义。所以，当大家在翻阅禾易公司这本作品时，看到这个项目，了解其中设计背景的故事，一定会有上述相同的认识。

沈 迪

上海现代建筑设计集团有限公司　总建筑师

序三

上海禾易建筑设计有限公司是一家追求设计品质的设计公司。精细化设计成为区别于同行明显的差异化。对待每一个项目都追求完美和极致，使得禾易公司在成立7年中取得了丰硕的成果，在业内享有盛誉。

“创意的故事”通过一个个项目的追梦，从“点点滴滴”的故事形成“涓流小溪”的事件，最终“汇流大海”实现设计项目的成功。不仅讲述了设计思想形成的来龙去脉，也使我们看到了中国设计师创业之路的艰辛。

禾易公司的发展与它的创始人和领导集体的素质是分不开的。胡平是我在华东院20余年的老同事，每次见到他都会被他过人的工作精神所打动。说起他的团队、他的事业、他的工作、他的项目总是那么神采奕奕、滔滔不绝。这是一个有理想追梦的设计师及企业家！他还有一种特质，就是精湛的工艺精神，讲究从生活到工作的一切细节、细部的推敲及品位。可能这就是形成了禾易公司今天的风格和成功的奥秘。

什么是一座好的建筑？怎样才能成为一个好的案例？“精细化设计”可以成功一个好的项目，有细部的建筑才称得上是一座好的建筑。在浮华忙碌的这个时代，更应关注从文化的积淀，丰富的思想形成，切合项目的创作理念，要有“创作的故事”、要有设计精致的细部、才能追到“完美”的梦。

这可能就是书中“创意的故事”要向阅读者坦露的心声！

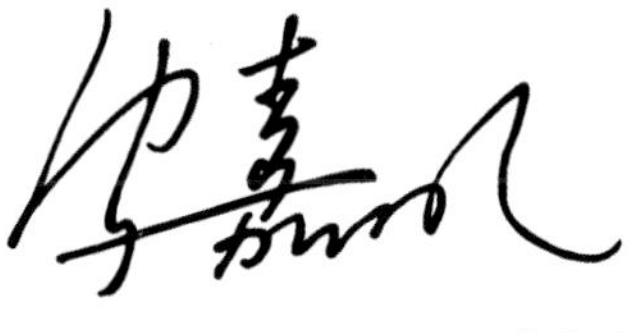

曹嘉明

上海市建筑学会 理事长

序四

《辞海》上，“设计”是指根据一定的目的要求，预先制定方案、图样等。今天，对“设计”的理解已经更加的深入，“设计”被公认为是一种有目的的创造行为，是人类生活方式和思想意识的反映，是知识价值的体现。在加速经济转型的时代，设计的力量正越来越受到各界的重视，有人甚至提出了“21世纪是设计的世纪”的口号。就室内设计而言，人一生中的绝大部分时间都在内部空间度过，室内环境直接关系到安全、健康、效率、舒适、生态等方面的内容，因此，“室内设计，让生活更美好”应该成为我们的目标和追求。

众所周知，人类对内部空间的修饰具有久远的历史，但室内设计作为一门相对独立的专业的历史却并不长。在中国大陆，20世纪80年代的变革开启并推动了室内设计的迅速发展，使建筑装饰业逐渐成为国民经济的重要行业之一。

与建筑设计相比，室内设计是一门年轻的学科，30余年的迅猛发展已经在中华大地培育了一批著名的设计企业和设计师，上海禾易建筑设计有限公司（前身为上海埃绮凯祺建筑设计有限公司）就是其中的佼佼者，公司既有蜚声行业的领军人物，又有一批勤奋敬业的精英人才。本书是他们成长经历的回顾，也是中国室内设计学科发展的缩影。更难能可贵的是，公司感恩社会，投入大量资源，为同济大学、上海大学、上海视觉艺术学院、上海济光职业技术学院等高校提供实训基地，积极参与室内设计人才的培养工作，担当起优秀企业的社会责任。

建筑设计和室内设计都是融技术和艺术于一体的学科，二者综合了社会、经济、文化、艺术、技术等多方面的知识，是基于科技平台上的艺术创作。鉴于此，中国现代建筑奠基人冯纪忠先生（1915-2009）提出了“缜思畅想”的创作原则，并以此作为同济大学建筑系的系训。《设计背后的故事》一书正是遵循这一原则，从创意、设计、功能、工艺等方面反思、总结设计的得失，揭示出凝聚在形式后面的思考与艰辛。

室内设计是反映生活、提升生活、创造生活，进而创造未来的行业。“路漫漫兮其修远兮”，相信禾易人会继续秉承“大胆的假设、小心的求证”的严谨作风，创作出更多高品质的室内设计作品，以无愧于时代的期望和责任。

陈　易
同济大学建筑系　教授，博士，博士生导师
中国美术家协会环境设计艺术委员会　委员
中国建筑文化研究会陈设艺术专业委员会　副主任
上海建筑学会室内外环境设计专业委员会　副主任

前言

这些年中国的城市建设发展是飞速的，室内设计也从一个单一的、被割裂的设计环节，转而成为了建筑系统内不可或缺、密不可分的有机体。尤其是国门打开后，整个社会对于室内空间的设计要求也达到了一个空前的高度，以至于相关的规范和要求滞后了约 20 余年。大量大型的综合型项目的设计面也远远超越了传统意义上"室内设计"范畴，甚至已经前后延伸到项目策划、规划设计、建筑设计、后期的文化艺术、运维等全过程……这亦然是一个国际化的设计程序和体系，我们公司所涉及的众多项目也已引入这样的体系：灵山梵宫、灵山小镇·拈花湾、山东儒宫、陕西汉宫、南京牛首山佛顶宫、上海"梦上海"等均是如此。

室内设计和建筑设计，虽都属于设计行业，但有所同、有所不同。同的是设计上内外一致的统一传承更为通达，表现形式更多地遵从于功能之后才演化开去；不同的是更多地注重空间的氛围，以及该氛围中人的行为方式和心里感受。其作品的大部分因各种原因，在若干年后会被重新覆盖，或与原创大相径庭。故此每每有必要作些阶段性的总结和分析，既可回味，也可提高！

本书在编撰时想到了很多……既不想让其成为一本流于形式的工程介绍；也不想让其成为一本效果图汇编册或是项目完成后的照片汇总；但又受时间、能力所限，无法写就一本专业的学术书籍，迷茫之余，倒是不时地有一些从设计创意到最终落成之全过程中的诸多感受，反复地浮现和萦绕在脑海之间，让人思绪万千！忽然间，有了一个共同分享"设计背后故事"的念头，期冀让更多的人了解不同背景、环境下设计创意的由来、设计之中的修整、退让、多元合作的经历和成就，以及诸多存在的问题、可能有用的一些解决方法。

因为没有太过高深的术语和华丽的词藻，也许可以是一些设计师有所同感的特刊；也许可以是专业学生们的业余读物；也许可以是寻常百姓手中的杂志；当然，也可以是一本可供欣赏的图册。

分享之余，若能让您有种别样的欣喜之感，或有所思考和共鸣，那真又是我们的幸事！

胡　平
上海禾易建筑设计有限公司　董事长
HKG（上海）设计公司　董事长

编委会成员

主　　编：胡　平

副 主 编：陆　嵘　Calvin E.Slinn

编　　委：（按姓氏的首字拼音，排名不分先后）

陆力行　孙　建　王文洁　鱼晓亮　卓越峰　郑　楠

团队成员：（按姓氏的首字拼音，排名不分先后）

卜兆玲　蔡　欢　陈艳芳　董　泠　Edmund Lee

杜　悦　胡　劼　黄　啸　季舜荣　季一舟　金佳明

景　渊　Katalina M.Woo　李　乐　李砺恒　李铁源

李　怡　刘栋梁　刘瑾斐　柳　浩　陆佳玲　骆橙青

苗　勋　南　平　齐加恒　任　斌　沈国荣　沈寒峰

沈　佳　沈　磊　慎　曦　石　泉　宋　涛　苏嘉琳

田　珺　童　颖　万佳艺　王利辰　王利民　王雯婷

王玉洁　王永康　吴兆辉　吴振文　项晓庆　谢欣怡

徐玮璐妤　徐　喆　杨　成　杨金福　杨雅楠　叶燕婧

俞　茜　张　磊　张梦宇　张　倩　张娅娅　张毅峰

周海燕　周佳文　周　檬

002 序一
005 序二
007 序三
009 序四
011 前言

创意的故事

016 上海·世博洲际酒店
上海·世博洲际酒店（别墅群）
036 上海·禾易·HKG 办公室
044 无锡·数字电影产业园
054 南京·牛首山牛首胜境
066 曲阜·尼山圣母泉书院酒店
072 无锡·灵山君来波罗密多酒店
078 上海·禾易·HKG 办公室（旧址）
082 无锡·太湖温德姆至尊豪廷酒店

设计的灵感

088 无锡·灵山精舍
102 无锡·蜗牛坊
114 无锡·灵山小镇·拈花湾
商业楼 / 度假物业
128 北京·大隐于市的四合院
140 上海·迷你空中观景亭
150 上海·证大外滩金融中心
158 上海·禾易·HKG 会务区
162 无锡·创意产业园
166 常州·广电办公
常州·广电接待
常州·广电剧场

功能的整合

172 上海·浦东国际机场（二期）
184 上海·瑞金洲际酒店
194 上海·百乐门酒店
198 上海·露香园酒店式公寓
202 上海·露香园样板房
206 上海·建材集团公司办公楼
210 上海·浦江之首
214 邯郸·鑫域国际酒店

工艺的秘密

220 无锡·灵山梵宫
236 无锡·灵山五印坛城
248 九华山·弘愿堂
260 上海·松江广富林知也寺
270 曲阜·尼山圣境大学堂区
276 汉中·兴元汉城汉宫·汉源博物馆
282 句容·茅山风景区道教文化演艺中心
286 大理·药师佛大殿
290 鲁山·中原大佛·须弥座
294 呼伦贝尔·中华天竺园
298 威海·环翠楼

创意的故事

上海世博洲际酒店

项目阶段：竣工
建设地点：中国上海
设计面积：约 45 000 平方米

如蛹化蝶的蜕变

许多成功看上去很意外，就像上海世博洲际酒店项目。回忆当时，世博会的开幕一日日临近，原定设计公司的方案却迟迟未能通过。我们作为一家在国际集团管理的五星级酒店设计领域里，“零经验”的公司，用一周的时间探寻，用一杯咖啡的时间讲述。于是，一个免费赠送的设计概念，意外的获得了认可。

其实这看似巧合的成功绝非偶然。在此前的近十年时间里，我们一直在为设计五星级酒店做准备。既有经验和技术上的累积，也有大量专业顾问的帮助，更有对梦想的坚持。不因别人的否定而气馁，不因大多数人的退缩而放弃。积跬步，至千里。坚持每一小步的前进，才能抓住成功路上的每一个机遇和偶然。十年磨一剑，终于成就“从零到一”的跨越。

（左）大堂入口实景
（右上）大堂吧手绘图
（右下）大堂效果图

十年窗下

在室内设计行业中，五星级酒店的设计无疑是金字塔的塔尖。视觉、功能、理念、细节，它几乎涵盖了设计的方方面面。而与此同时，这种高要求也就意味着对设计公司的高门槛。

一直以来，中国设计师很少获得国际酒店管理集团的认可。即使是中国境内的五星级酒店，也大都由国外公司设计。对于全球名列前茅的洲际酒店管理集团来说，更是如此，他们只接受具备五星级酒店设计经验并正式进入其集团设计顾问名录的设计公司。因此对于洲际酒店管理集团来说，我们的业绩是零。

我们一直梦想着零的突破。既然认定了，就不要轻易放弃，哪怕有人对你有所怀疑、有所否定，只要坚持不懈，梦想就可能成为现实。为了这 1% 的可能，我们做了超 100% 的准备。近十年里，我们去内蒙古做过国宾馆的改造策划，为东湖集团的兴国宾馆做过小楼整体改建，为东郊宾馆的体育中心做过整体设计。还有许多项目，我们不计收益不辞远近，只为经验的积累，只为离梦想近些、再近些。

在上海世博洲际酒店项目开工前的两年，我们担任了酒店业主方的设计顾问。这项工作既能帮助业主提供一些设计方面的参谋和决策，也能与洲际酒店管理集团有零距离的接触，成为展示我们能力的平台。后来，我们又转而为上海世博洲际酒店别墅群改造进行室内设计。这每一步的努力，既有无心插柳，更有实践历炼，都令梦想越来越近。

（左上）雪茄吧实景
（左下）奶酪房实景
（右上）全日餐厅手绘图
（右下）全日餐厅实景

梦想成真

在同世博业主共事的过程中，看着外方设计公司的方案迟迟未获通过。在多次的会议候场间歇，我们的思绪一直未曾停顿。终于，凭着对这个项目的认识和对业主需求的理解，我们做了一个全新的建议方案。并在一次例会上提出，能否给予一杯咖啡的时间，来陈述一个我们心目中的上海世博洲际酒店设计的新概念。如果可行，无偿奉送！“一杯咖啡的时间”，让所有人觉得听听也无妨。

我们理解的世博会，是一个世界各国相互交流的平台，“洲际”概念本身也有交流的含义，而上海更是一个东西方文化交融的城市。基于这些要素，在设计方案中突出了“中国和上海”特质：一种融合现代与传统对话、多文明脉络、黄浦江两岸时代变迁的特质。这种特色鲜明的概念，借用咖啡来比喻，就好像原汁原味的咖啡倒入一个中式韵味的茶盏，既是世界标准的洲际酒店服务，又是东方韵味的文化体验。

“咖啡的空间转换”这个比喻，深深引起了业主的共鸣。当陈述结束后，得到的回答是：“也请给我们一杯咖啡的时间，开会做决定。”15 分钟后，业主方正式宣布，由我们公司全权负责上海世博洲际酒店的全部室内设计，并且是一个 EPC 工程（Engineer Procure Construct，即“设计采购施工一体化工程”）。这一决定对我们来说是震惊的，多少次的梦想期盼，真的来临之际，还是百感交集……

（左、右）意大利餐厅实景

荆棘新路

从正式决定接下这个设计任务的那一刻起，我们没来得及激动和兴奋，反而感到满满的压力。为了全心全意做好这个项目，我们不得不放弃了同期的世博轴、梅赛德斯奔驰中心这两个重大项目的室内设计。而且，我们要在无太多前路可鉴的情况下，做出中国设计界的一个与众不同的五星级酒店设计。

要做第一总是艰难的。虽然我们获得了业主方的肯定和支持，但在洲际酒店管理集团看来，我们仍然是五星级酒店零经验的设计团队。在质疑和不信任的放大镜之下，冲突和委屈是在所难免的，我们要求自己隐忍、耐心、自信。因为这既是一个开创新篇章的过程，也是一个历练与学习的过程。为了梦想的坚持与实现，须经受住高标准的挑剔，并将此作为前进的动力和证明。

除了精神上的压力，时间更是万分紧迫，因为世博会的开幕是无可更改的倒计时。我们团队的设计师曾连续两个月朝九晚“无”，天天工作到凌晨两三点，近黎明时稍事休息，白天接着去工地查看。报告日日作更新，问题尽量不隔夜。在这样高强度的工作下，我们从 2008 年 5 月开始设计，到 2010 年 4 月上海世博洲际酒店正式开业，仅用不到两年的时间，就完成了这个按惯例需要三年的设计项目。

现在回想这段经历，就好像走进一个伸手不见五指的溶洞。刚开始难免害怕，没有一丝光线，空气越来越稀薄，手上的火把越来越微弱。偶生回首之念，却发现连来时的路都无从找寻。所以，我们唯有凭着心中的火花摸索向前，咬牙坚持，终见胜利的曙光。

（左中、左下）中餐厅实景
（右上）SPA 空间效果图
（右下）SPA 空间实景

潜心探究

上海世博洲际酒店的设计，对我们来说就像一场大考，既用上了之前多年积累的经验，又有许多新的挑战。五星级酒店最难的部分是客房设计。因为相比大堂、餐厅、SPA 等公用空间，客房才是客人使用最多的地方。洲际酒店管理公司对细节有十分严苛的掌控，也有他们自己衡量的标准。比如开关控制的便捷性，行李架的耐久性都需要去仔细推敲。椭圆形床头柜，可能存在的安全隐患……这些细节不胜枚举，最终均一一做了修正。经历这些之后也触发我们设计家具时，更多的去考虑家具使用和养护的因素。

慢慢的我们真正感受到这种对细节的极致关注，是一种真正以人为本的专业精神，也是世界级酒店品牌保证的原因。也正是严格的细节标准，保证了不同国家、不同地区的人们，享受到的是同样优质的服务。我们也深深地体会到，好的酒店设计，除功能完善、考虑周全、设计精细外，同时还要有精神和文化层面的理念，带给客人一种与众不同的生活态度和生活方式。功能与人文体验的合一，是我们交给上海世博洲际酒店项目的一份合格答卷。

（左上）客房效果图　（右上）套房实景
（左下）客房实景

苦尽甘来

作为一家国内设计公司，这次五星级酒店设计“从零到一”的经历和突破，无疑是中国室内设计界的一个惊喜。通过这一次与洲际酒店管理公司共同工作、磨合，也让国际管理团队感受到了国人的敬业与执着。现在，我们不仅进入了洲际酒店集团建议的设计顾问公司名录，而且还被推荐参与了上海瑞金洲际酒店的设计。更令人欣慰的是，中国设计师的能力和水平,也充分得到了国际酒店管理公司的认可和信服。

从设计上海世博洲际酒店起航，如今我们承接的五星级酒店设计项目越来越多，例如海南三亚希尔顿大酒店、无锡太湖温德姆至尊豪廷酒店、越南皇冠假日酒店等等。期间也有很多甘苦，但回望来路，更让我们明白梦想的意义和坚持的力量。立志如山，行道如水。前路即使有再多的困难与险阻，我们也要继续努力向前，为成就梦想，也为成就自己，奇迹是由人创造的。

上海世博洲际酒店
（别墅群）

项目阶段：竣工

建设地点：中国上海

设计面积：约 1 323 平方米

岁月的延续
光彩的再现

世博洲际酒店的侧门外，有一片宽阔的草坪，沿着小径漫步，放眼于前方的老香樟。有几栋红墙小洋房，矗立在那里。略显沧桑却不失优雅的轮廓，依然是上世纪三十年代的样貌。这群老房子是上海市近代历史文物建筑群、浦东新区区级文物保护单位，而另一个身份，则是上海世博洲际酒店管理下的别墅群。

（左、右上、右下）酒吧实景

古董的重生

别墅群一共包括九栋红墙小楼，其前身是上海酒精厂的一部分。1935 年爱国华侨董寅初先生创办实业，与众高级管理人员就居住在此。上海世博会建设时，酒精厂地块的建筑物多被拆除，只有别墅群被保留下来，进行保护性改造。

功能规划之初，我们与管理公司一同策划区分出不同的使用功能。其中 2 栋别墅规划为总统套房；2 栋为会议室及餐厅；1 栋用作贵宾接待；3 栋统一打通后被设计成英式酒吧；另有 1 栋改造为小型宴会厅。所有的别墅内部设计主题均围绕 20 世纪 30 年代的老上海风格，与建筑外观遥相呼应。

（左）雪茄吧实景
（右上）会晤小楼手绘效果图
（右下）会晤小楼实景

上海的味道

摩登上海的含蓄和雅致，就像老樟木箱的沉香味道，久久弥漫。在设计上，运用 Art Deco（装饰艺术）风格诠释再合适不过。且设计关注点不单集中与整体空间，在艺术装置和家具上也要处处体现。

以总统套房为例，卧室内分隔就寝区和洗卫区的雕花隔断中有原建筑内拆下的木质旧天花、栏杆等作为装饰元素来点缀。带着别致抽屉的书柜、手绘木箱、浮雕首饰盒、盛放花果的竹篮、漆画屏风、桩桩件件，都是花费大量时间在古玩市场及小市集上零星淘来的，带着时间的温度和韵味。老上海的生活细节就这样悠然而出，那份赋有时代感的精致与优雅也随即扑面而来。

再细细玩味，这里除了对老上海的演绎，也会发现一些富有创意的现代元素。就如墙头的油画，以现代笔触描绘了一系列与小楼同时代的建筑。它仿佛是破墙而出的风景——远远望去的教堂穹顶、苏州河上的石桥、对面人家院落的绣球花、窗台上的一盆青葱……画里呈现的既是怀旧的缩影，也是现代人所喜爱的轻松格调。

经过此番改造，使世博洲际别墅群的韵味变得更加醇厚绵长。它们是一个回望和感受老上海的独特窗口，更作为一个新上海的地标屹立在历史的交汇点上。

（左上）主卧室手绘图
（左下）会客区实景
（右上）卫浴空间实景
（右下）主卧室实景

上海禾易 · HKG 办公室

项目阶段：竣工

建设地点：中国上海

设计面积：约 1 000 平方米

传承基因
传递情怀

设计公司自己的办公空间，历来是备受关注和富有争议的。从创始之初到现在，我们一共搬迁过 5 次。每一次搬迁，我们都会尽可能地保留一些老物件，细数现在公司里最“老”的家具，已经 15 岁“高龄”了，是在 2000 年，为当时的新办公室添置的 3 张白色大理石会议桌 6 把转椅和陶艺作品，时至今日，依然“硬朗”如初。

这些老物件里有我们的情怀、故事、核心基因。我们的办公空间，除了要传达高效、严谨、有设计艺术感的公司形象外，更希望传递出的，是一个有情怀、有温度的人文空间。

空间的温度与情怀

如果空间有情怀，那一定是往事的情怀；如果空间有温度，那一定是记忆的温度。回想团队最初是作为“华东建筑设计研究院——景观及室内设计部”开始建立的，几经变迁、整合、改制。一直到现在成立的“禾易设计”。从 2000 年创始之初算起，我们一共搬过 5 次家。庆幸的是，几乎所有的主创设计师、那些最初的伙伴们都还在，大家在一起共事也已经十多年了。

相伴相随的不仅有人，还有物。经过数次搬家，除了保留的象征历史的铭牌、各种赋有纪念意义的艺术品，还有几样维护很好的家具。留着这些除了是惜物不舍，是避免浪费，更因其中有我们的情怀、我们的故事、我们的核心基因，看到这些映着岁月的旧物，就会想起大家共同走过的历程。所以在每次新办公空间设计之初，都要仔细考虑如何把它们合理地布置，让它们在新环境中也光彩十足。

如今一进办公区，首先会从一副现代气息艺术装置中了解我们的过往。它是由我们经手的项目照片及手稿，解构重组而成的一副画卷。通往二楼的必经处又可以看到一面历史文化墙，上面云集了团队以往经历中的各种铭牌。它们默默的鉴证着公司的历史。沿着楼梯而上的侧墙，挂着五幅来自加拿大名家的图腾艺术稿。是祝贺我们原所在单位 50 周年庆时，来自“加拿大 HKG 设计”的馈赠，象征着我们坚实的合作。洽谈区两张 15 年前定制的会议桌，当属我们的第一批自行设计的家具；走道的尽端立着 11 年前添置的矮柜……老同事、旧物件、历史的纪念。在空间的记忆与温度里，他们的存在意味着公司的团队精神将一直传承下去。

“禾易设计”，“禾”源于禾苗，代表一种成长的状态，代表我们希望自己能够不断茁壮成长的愿望；“易”是变化，是设计的追求和一直秉承的原则，希望我们的设计不仅要有创意，也要不断寻求变化。从最初不到 10 个人，发展到现在已经有近百名员工，这个团队一直在继承，一直在变化，一直在有序地发展着。

（左）公司外立面实景

（右）入口大厅实景

公司的精神与追求

办公环境完全能够反映出一家公司的管理水平和企业文化。我们要通过它传达给来访者的信息是：这里功能布置合理到位，管理维护严谨整洁。从空间环境的到员工礼仪、着装都体现这个团队井然有序的职业化精神风貌。

办公空间不单可以给人留下充满正能量的职业形象。也会让人感受到它所营造出来的融洽感。

在开阔敞亮的办公环境里，员工一抬头便能看见彼此，人与人的交流畅通无碍。摒弃一切隔断，整个空间就是一个大家庭、大集体。这是开放式办公空间带来的亲和力。这里是我们喜欢的办公室，这里是我们实景的样板空间，这里是我们的文化和理念展示场所，这里也是我们共同的家。

简约的设计与理念

我们的办公空间，为其定义的风格是：不奢华、有创意、有设计艺术感。无论搬迁到何处，设计宗旨从未改变。

用简洁的材料，营造艺术感的空间，这种风格定位，是由于最初立足于华东建筑设计研究院，团队中大多数的设计师都是学建筑出身，明快爽朗的线条更为契合大家的内心意愿。这也是我们做项目设计的风格，不盲目追从，而是从本身的功能、气质出发，给予最适合的空间定义。

如果把设计师比作导演，而空间就是他的演员，角色性格的塑造就全由其负责把控。同样规模的空间，通过平面布局和软装陈设，可以清晰营造出不同的功能，不同的风貌。

办公楼按照功能不同被规划成两个部分：一侧是办公空间，另一侧是会务空间、员工餐厅、培训中心等。两侧的房型、基本相同，但功能则完全不同。我们选用了相同的材质、同样的颜色、统一的设计手法来铺开大空间的硬装，然后通过用材比例及软装布置来营造完全不同的空间氛围，最后形成了感受迥异的设计效果。目前这个办公室已经使用 6 年了，自 2014 年公司正式改制“禾易”后，对空间又做了新一轮调整。除了一些设备的更新换代，对空间及一些软装陈设等进行了新的更换和补充。从某种角度上说，始终保持一个美好的工作环境，对设计师而言，对其思维保持活力也有着推波助澜的作用。

设计师的办公空间也是一个向客户展示其设计功力的窗口。在我们公司这个案例中，可以让来宾切身了解到——未必用昂贵的代价，浓重的堆砌去塑造空间。简单平凡的材料同样可以打造出一个兼容艺术气质的人文环境、一个高效舒适的工作场所。作为一个设计公司，用专业精神来发挥其实用美学之特长，立足客户的视角，考虑客户的利益，才是根本之所在。

（左上）入口装饰画实景
（左中上）楼梯区画作实景　　（右上）洽谈区实景
（左中下）楼梯区艺术摆件实景　　（右下）公共区绿植实景

功能的惊喜与完备

一个优秀的设计作品的打造，体现的是设计团队的实力，而不仅仅局限于个人的审美。为全体员工创造一个良好的工作环境，一个公认高品质的办公空间。更是我们公司合伙人一贯抱有的理念。这个每日长驻的工作场所，会无形的熏陶着设计师的专业价值观和品味。

要创造出有精度和高度的设计作品，需要有敏锐的设计鉴赏力和美学素养，平衡过滤后再来进行创作。这也是一个综合的系统，与社会整体的行为学息息相关。更是一个需要有丰富经验和体验感受的职业。

在空间规划整体之初 ，领导区和员工区只是根据需要做了功能的划分。空间上来说，领导所占的空间及家具尺寸远不及员工（因为设计师一天的大部分时间都需要在案头工作）。所以舒适的椅子和宽大的桌面对他们来说是极为重要的。

基于相同条件下，人与人的体格、行为习惯等差异，都会产生对舒适性的不同感受。为此，在工位家具选择上，质量优越、功能可调等因素被首先考虑。而开放式的宽敞空间，又满足其案头创作及相互交流的需求。

为突现独立小楼的景观优势，每一层的花园、露台也是打造的重点，用专业的日常维护，保证四季都生机盎然，形成有园、有景、有盆栽的多元户外景观。室内的绿化种植器皿也是极具创新的产品，配以高科技的营养土，永远不用担心对桌面、地面的污染。

每层的综合茶水区，医用级的净水系统替代了常见的桶装水。模拟调光和数字调光系统覆盖了所有的办公区域。可以根据功能使用和节能需求，做不同的调控。特别是这个调光系统在公司 FFE 部门的运用，对设计师的实物选材工作更提供了关键性的实景化帮助。

（左上）接待区实景

（左下）会议区实景

（右上）材料部实景

（右下）材料部局部实景

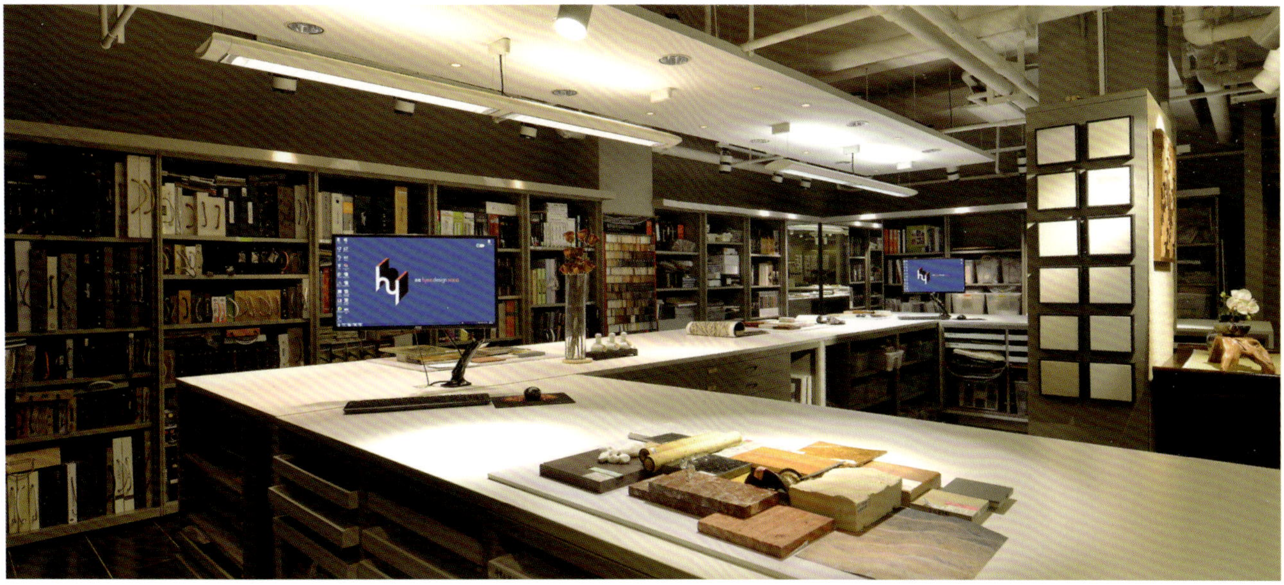

FFE 的独特与精彩

强大的 FFE（Furniture Finish and Equipment）部门是我们公司的绝对特色，也是每个来公司参观的客人，不容错过的一站。这个部门的设立，可以追溯到 2000 年我们在加拿大的一次学习考察。当时发现那边的知名设计公司里，都有一个被称为“样品图书馆（或类似 FFE）”的空间。它的主要功能是协助项目团队进行材料的选择，控制施工单位、供应商提供的各种材料的品质，以及帮助有效营造空间最终的实景气氛。

从初建到经过积累改进，如今 FFE 部门的规模已经远远超过我们曾经参观过那些公司的“样品图书馆”，并且其外延还有许多发展空间。这里不仅仅只是材料样本的实物库，还涉及各种装饰品、家具、灯具等。FFE 部门由独立设计师而非普通资料员来负责，既有实物管理，也有数据管理。这是整个公司的“后台厨房”，为每一项设计输送“新鲜的原材料”。

这个部门有自己更为专业和复杂的灯光系统，其材料选样区安装有许多不同种类的灯具，通过这些不同灯具之间的组合，灯光的强弱调控，可以模拟出不同的空间环境。让设计师通过不同的灯光效果手段去发现材料色彩肌理的不同表现，以保证这些选择在今后的实际运用中不会偏离初衷。这进一步保证了我们可以不靠昂贵、奢侈的材料去创造空间。

对于一家设计公司来说，最终的成功不是方案多新奇、效果图多漂亮，而是项目真正落地使用后得到的如潮好评。这也是我们立足的根本，为此我们对项目质量的全程控制要求极其严格。众多的实践给予我们经验，项目的品质是否能达到一定的水准，和材料的选择息息相关；而且，选择、比对材料的工作在我们整个项目的工作量中占据了很大的一部分。潜心建立这个“样本图书馆”，就是让其为每一个项目的服务及把控更为有效。

无锡数字电影产业园

项目阶段：竣工

建设地点：中国无锡

设计面积：约 20 400 平方米

娓娓道来一个
好莱坞式的故事

这些年的城市化进程，使众多城市有着飞速的发展，而一些城市的公共建筑空间，却有着太多的习惯性做法——景观、雕塑的堆砌；形式化的绿植摆放。缺乏的似乎是一个可以讲述和体验的故事。商业空间设计，也许更需要有故事性的情节支持。

无锡数字电影产业园的室内、景观设计就是这样，其线索来自一部好莱坞电影——《人鱼的童话》：讲述一个小女孩解救搁浅的小虎鲸威利，并最终将它放归大海的故事。故事中的人物和场景，不仅在设计中像电影画面一样被多重呈现，而且还以独特的参与性、互动性和体验性，为园区的运行、管理和进一步开发提供了更多可能。

老厂房变身新园区

无锡数字电影产业园主要从事影视配套数码加工产业，目的是希望把国外的电影后期数字化制作吸引到无锡来。园区由摄影棚、后期数码制作区、办公区、生活区及配套设施组成。最初园区的整体规划由一家美国建筑事务所担纲，设计成一个综合商场。但后来发现商场不需要那么大面积，于是决定把它打造成一个兼顾娱乐和旅游的综合性场所，有点类似美国的环球乐园。人们在其中可以看到电影拍摄的流程，可以亲身参与体验，当然也有餐饮、购物和休闲多重功能。最终这部分的创意策划及设计，就落在了我们团队身上。

建筑原本是一个标准的老厂房，近三十米宽，却有四百多米长。改造之后，整个园区相当于四层楼的高度。上层可作办公室，下层设有和园区主题相关的餐厅、商店等。单纯的功能使这样硕大的公共空间还是显得有些冷清。按照规划，这里将被打造成一个有电影文化特色的综合性商场，如何集聚人气就成了设计创意的难点。最初的方案是把美国的街景“移植”到商铺的立面上来，这样既打破了单一立面的过度简单性，又让游客可以一边走一边感受好莱坞式的异国风情。为此，设计团队又特地再去美国多地考察，寻访不同风格的街道场景，也借鉴了一些国外商业街区以及环球影城里的商铺设计。

设计讨论中，众多实例表明，很多成功的商铺设计都有其特定主题，这样的空间既有创意，又有灵魂。于是我们有了新的策划：在室内大空间中，打造一个与电影相关的商业氛围，结合公共空间来讲述一个与电影有关的故事。

（左）“出逃”情景空间手绘图
（右上）以“捕鱼网”为题材打造的艺术装置实景
（右中）“乐园”情景空间手绘图
（下）街景商铺整体手绘图

小虎鲸演绎景观廊

（左、右）“寻亲”情景空间实景

如今，“讲故事”似乎是个热词。但这里的“讲故事”绝对不是胡编乱造，这个项目讲述了一个在西方家喻户晓的电影故事《人鱼的童话》，内容选择的是系列影片中续集 4 的内容：小虎鲸威利在海边搁浅，被困在沙滩旁一个破旧的游乐场里。而小女孩琪拉因为没人照顾，被送到开游乐场的外公身边，可她并不喜欢外公，却和虎鲸威利成了好朋友。为让其回归大海，琪拉和她的小伙伴们经历千难万险，终于把威利送回了碧蓝的海洋……

在这个典型的好莱坞式的温情故事中，有人、有船、有海、有动物、有游乐场，更有满满的正能量。以此为设计线索，一个贯穿整个超长室内公共空间的创意设计应运而生。我们把故事中的元素进行提炼，变成各种可爱的造型，并加入参与互动及体验的环节。人们漫步其中，就像进入了不同的电影故事场景。厂房两边的建筑立面上，也有着电影故事的画面感，这样更加突出了空间的电影主题，一楼和二楼上下互动，真实、丰满而有层次。一下子就让空旷、冷清的老厂房变得有声有色，“鲜活”了起来。

一个故事为原本平凡无奇的空间带来一份真实、一份生动、一份记忆和传奇。为了将这些一一还原，我们没有用电脑建模，而是以手绘的方式，将这个故事在画笔下游动着、跳跃着。按照电影情景划分为“搁浅”、“受难”、“获救”、“回归”等四个主要部分，然后连贯成一个个的场景。记得当时在办公室里创作的时候，一张近 3 米长的桌子上，从头到尾铺满了画纸。设计团队整整用了一周时间，才最终创作完成。正是这一笔一画的手绘，不仅鲜活灵动，更增添了故事的温情和暖意。

HKG GROUP

（左）局部俯瞰实景

（右上、右中）模拟街道打造的商铺实景

（下）模拟街景商铺整体手绘图

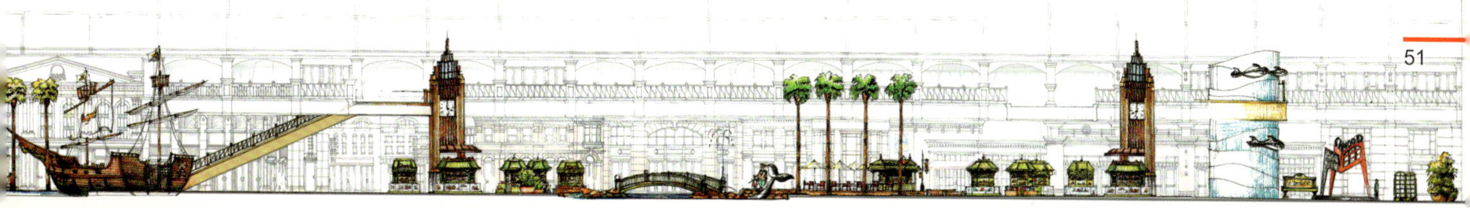

好策划成就好商业

回想最初接这个项目时，只是一个内庭空间的室内设计。如果我们就这样简单地完成任务，那就和其他许多创意园区没什么区别，因为它缺乏灵魂与核心。而加入以电影文化为主题的人文景观之后，不但与无锡数字电影产业园的整体定位相互吻合，同时也为日后的经营提供了丰富的招商资源。虽然本案地处偏远，但如今，在无锡滨湖地区，数字电影产业园已经是一个很有亮点的去处。

之后我们不仅承接了无锡数字电影产业园二期开发的设计任务，而且还进一步参与了前期策划的工作。因为，商业的运维、招商的空间规划都需要从一开始就纳入策划之中，并将其贯彻于设计的始终，从多种角度思考和理解问题的实质，设计才会变得更有意义。

（左上）“自由”情景空间手绘图
（左下）“自由”情景空间实景
（右上）“风浪”情景空间手绘图
（右下）街道局部实景

南京牛首山牛首胜境

项目阶段：施工期

建设地点：中国南京

设计面积：约 150 000 平方米

天人合一的
佛教文化中心

南京中华门外 13 公里处，牛首山天阙双峰北连翠屏，南接祖堂。这里是高僧辟支“立地成佛，上天为仙”的佛教名山，也是朱元璋牵牛首回望金陵以聚王气之地。2008 年，南京大报恩寺遗址出土了震惊世界佛教界至圣之宝“释迦牟尼顶骨舍利”密藏千年，盛世重光。

南京市定于在牛首山内规划遗址公园，修建地宫安奉圣物。我们有幸承接了这个近 15 万平米的大型设计项目。由“金陵春归处，牛首山水间”的诗句引发的遐想，我们力求充分依托其人文、地理、环境优势，深度挖掘和传承佛教文脉，打造山林观光禅境、山水休闲胜境、山顶瞻礼圣境，重现南京佛教文化中心的盛景。

自我突破

成功难，而从一个成功走向另一个成功，则更难。对于设计文化类项目我们并不陌生，甚至可以不夸张地说是有些驾轻就熟。然而，在开创性地设计了灵山梵宫之后，牛首山项目面临的最大挑战就是“去灵山化，去梵宫化”。同样是大型文化旅游项目，同样是以佛教文化为题材，且地点相距不足200公里，怎样使它彻底摆脱灵山梵宫的影子，打造出富有新意的佛教文化景区？难在——“突破自我”。

牛首山历史上为金陵四大名山之一，因双峰并立呈牛角之势而得名，是佛教牛头禅宗的开教处与发祥地。“南朝四百八十寺，多少楼台烟雨中”，这正是当时南京佛教的盛况。不仅如此，此山地处南京的“南大门”，古城中轴线穿双峰而过直指西南佛陀的方向。明太祖朱元璋于牛首山牛鼻处用五色链牵牛头回望金陵，以聚王气。因此，它既是佛教历史名山，还曾是南京城风水一脉。然近百年来，由于战争破坏和资源开发，山脉西峰日渐塌陷，双峰之间还被开采出一个巨大的矿坑。在这次项目中，正是希望通过现代的建筑工程手段，依托山形，合理借势，建地宫安奉佛顶骨舍利，重现牛首山地理风水。

对于牛首山遗址公园的规划设计方案主要包括三个部分：一是“补天阙”：修复山体生态，恢复牛首双阙；二是“建地宫”：利用天然矿坑建成地宫，供奉佛顶骨舍利；三是“现双塔”：修建“佛顶塔”，与现有弘觉寺塔相互呼应，再现双塔奇观。

整个项目体量巨大。我们参与室内设计的佛顶宫、塔、寺是其中最大的建筑群。佛顶宫共九层，自上而下有三大核心空间：禅境大观、舍利大殿、舍利藏宫。在策划中，希望游客在自上而下参观时，体验从人间层层穿透，到达佛国本源世界的神秘之旅。

回顾之前的宗教题材作品，如果说灵山梵宫是一个佛教会议中心，九华山弘愿堂是地藏王菩萨的主道场，那么牛首山项目则是一个以佛教圣物供奉为主的文化景点，建成以后将会是有别于前作的场所。我们也力求在每一次接手文化、宗教类项目时，都从项目文化的本源出发，提炼出与众不同的设计特色，以期不断挑战和突破自我。

南京牛首山牛首胜境

（右上）补天阙藏地宫整体剖面图

（右中）空间初步概念草图

（下）牛首山遗址公园俯瞰效果图

二次策划

在接手牛首山项目之前，曾经由国内优秀策划团队进行过创意规划设计，形成了以“补天阙藏地宫”为核心，着力打造“生态胜境、文化胜境、休闲胜境”的规划概念方案。对它的历史文化背景作了全面、深度的挖掘，也正是在此基础上，才有了今天成功的二次策划。按照原方案的思路，首先是利用废弃的矿坑打造佛顶宫，即“建地宫”。其次打造一个弧形穹顶来“补天阙”，弥补西峰被削蚀的轮廓线——其设计重点在于打造一大一小两个穹顶，大穹顶与山体结合，采用钢架与玻璃结构，这也是“补天阙”的最初概念。小穹顶是一个蛋壳式建筑，完全坐落于山体之上，并计划在主空间中塑造一尊当时全国室内最大、约长度在 55 米至 60 米的巨型卧佛。为了让这个初步概念方案能够真正落地，得以实施，我们作了详尽的研究，进行了二次策划，其间经历了多次头脑风暴，群策群力，最后归纳提出了四大建议：

第一，通过打造大穹顶实现“补天阙”的概念值得采纳，然而不宜选用玻璃材质。因为东西双峰落差较大，最后计算出来大穹顶的内部高度可能高达近 56 米，一旦穹顶上镶嵌的玻璃发生正常碎裂下坠，定会导致极其严重的安全事故，如同“灭顶之灾”。更何况玻璃不仅会吸收热量，更使得下部空间出现热岛效应，植被枯乏，不甚科学，还有清洁维护等其他诸多原因。依此，我们建议去掉玻璃、减轻钢架、开放空间，与山体融为一体，真正达到以自然补天阙。

第二，原策划小穹顶内会有一尊巨型卧佛，然卧佛只有正面能够受到关注，而背面很可能无人观瞻。也就是说，将有近一半的空间近乎浪费，使游览空间形成很大空白及不平衡。因此建议相对缩小卧佛的尺寸，以便充分利用空间。中心区规划出一个集会议和演艺剧场为一体的多功能区域（在原计划中，这个会议中心将通

（左）法语流芳——大扶梯厅效果图
（右）人间山水——禅境大观效果图

过开挖山体来建造）。现在通过设计调整，不但能够减少近 5 万平方米的建筑开挖总量，大大节约成本，还能够进一步保护山体，不再人为地给生态环境造成新的破坏。

第三，自然界中的山体并非持久恒固的，而是一直处于微动状态，唯有让建筑与山体彻底脱开，才能确保建筑的长久稳定性。

第四，原山体在矿产开采后形成大量蓄水。即使抽干，日后还会继续渗出、汇聚，导致整个建筑被动浮起，具有极大的安全隐患。建议利用原先采矿时在谷底留下的涵洞，既形成排水渠疏通山体积水，又方便管线自下而上地引入。

通过上述二次策划，整个方案更接地气、更具操作性，也充分展示了我们在设计大型文化宗教项目上所具备的综合经验和实战能力。这样的策划已经不仅仅局限于室内设计的范畴，更涉及建筑结构、地理人文、旅游规划、经营管理等综合性要素。当经讨深入讨论后的二次策划方案呈报给南京市委、市政府及相关各级领导时，得到了各方一致肯定，并正式决定由我们来主导此项目的全程设计工作。

对于大规模综合性设计项目，从操作经验上而言已多次成功实现了先策划后设计的操作流程，灵山梵宫如此，无锡数字电影产业园如此，上海世博洲际酒店也是如此，近期正在建设中的山东“儒宫”、陕西“汉宫”、上海“梦上海”等大型综合文化景区更是如此。每次在设计前期，都进行过全方位、深入的策划。只要是有助于项目推进的方案或建议，我们都会积极地向业主建言。这次策划解决了安全隐患，减少了建造面积，完善了使用功能，降低了工程造价，获得了业主的信任，这为双方接下来的合作奠定了良好基础。

打造特色

在牛首胜境的设计中，首先归纳并提出了四个“独一性”的特点：地域的独一性、文化的独一性、空间的独一性和体验的独一性。整个设计也都是围绕这四个“独一性”在有序展开。

地域的独一性：建筑上半部分的禅境大观中，充分挖掘金陵文化和江南文化的内涵，以此为核心来打造空间。在文化艺术设置方面，无论是雕塑还是画作，均取材于牛首山的地理风貌、宗门故事；在风格上，力求清雅禅意，以突出地域特色；在空间配色方面，大量地运用玄黑、米白、青灰、原木等中性色调，在深浅浓淡的变化过程中勾勒出山水画卷轮廓，让人游走于其间能够感受到的江南山水意境；重点空间中用现代的唐风园林景观抽象地表现佛陀一生的行迹与思想。

文化的独一性：牛首胜境的文化核心是佛教圣物佛顶骨舍利的永久供奉地，空间规划上紧紧围绕着佛顶骨舍利及佛陀本身的故事展开。建筑下半部分的舍利大殿中，以供养为主题，依照佛典记载，用空间艺术的形式，全方位再现金刚界供养会。中心区建一座独特

的大舍利塔代表佛陀，四周漫天环绕佛、菩萨、天王像，烘托出一个庄严殊胜的“佛国天界”。在对供奉圣物的瞻仰形式上，特别设计了不同的礼佛模式。运用声、光、电的配合，凸显出顶骨舍利从舍利塔内缓缓顶升，最终使穹顶浮现出佛界胜景的过程。让人们在神圣、静谧的环境中，瞻礼这佛教界至高无上的瑰宝。

在这个大型殿堂的内部空间之艺术表现上，通过统筹设计，将盛唐的石窟到明清的佛教绘画艺术，进行了有机的融合和发展。结合彩绘、铜雕、石雕等多种传统艺术形式，在空间中讲述着佛祖舍利的故事。

空间的独一性：整个佛顶宫共有九层，依据供养内容自上而下，以禅境大观、舍利大殿、舍利藏宫三大核心空间为主，另包括展陈及商业辅助空间。无论是禅境大观还是舍利大殿，内部空间都非常宏大。室内设计在后者的建筑空间内，塑造了一个长 50 米，宽 30 米，高 26 米的半椭球形空间，作为信众瞻礼舍利举行法事的场所。作为一个地宫空间，目前是绝无仅有的。更有甚者是禅境大观，顶部的大穹隆之下是呈现的一个完整的超大空间，且其势之高相当于六层的建筑，整体建筑规模远超北京国家大剧院。室内设计大手笔的山、树、海这些自然元素引入，经过简化解构，体现出一个净、静、敬的禅意空间，环境气氛的圣神感也由此而生。

体验的独一性：即便现场的感官如此令人震撼，我们仍希望人们来到这里不仅仅是感受这个空间有多么宏伟、庄严，而是能真正的融入其中，能够和空间进行互动。室内的造型设计虽是静态的，可是光影的变幻却能为其带来活力。运用数字化的灯效控制，模拟一天中不同的日照变换，光线透过禅境大观的穹顶，洒入室内，从黎明到午夜，令人恍如穿梭于光阴之中。最为核心的“禅境福海”景观，在常态模式下，迎接游客的是一尊在福海之中的 7 米长的莲台卧佛，人们可在此借花献佛、许愿礼拜；而当有会议或演出之时，福海之内的水可以几分钟之内迅速排去，形成一个直径 38 米、高 16 米、由 12 朵莲花瓣组成的“如莲剧场”。奇妙的二度空间形成，诞生于转瞬之间，如梦如幻。

（左上）慈云翠嶂——小扶梯厅效果图　（右上）慈航普度——入口门厅效果图
（左下）墨韵书意——贵宾门厅效果图　（右下）松泉月影——禅憩花园效果图

（左上）千佛殿立面手绘图
（左下）舍利塔立剖面手绘图
（右上）千佛殿效果图

主动设计

很多人认为，设计方常作为被动的“乙方”，在项目的设计中要么一切以“甲方”要求为主导，放弃自己的想法，一味妥协；要么固执己见，却无法说服甲方，矛盾重重。但我们觉得，如果设计师仅仅把自己定位为“乙方”，那他永远也不可能真正做好这个角色。项目的顺利推进，需要我们立足于“乙方”，兼顾“甲方”，兼顾“丙方”，甚至更多方。因为项目只有一个，如果各方都只从各自角度出发思考问题，而不能齐心协力，那最终结果只能是一团糟。事实证明，在很多项目的设计过程中，多换位思考，甚至能为“甲方”想到很多他们都不曾想到的方面，反而会取得意想不到的效果，众多方面的问题也就迎刃而解。

在这个项目中除设计之外，我们兼顾更多的还有后期的商业运行和项目维保，特别是考虑到景区未来的商业运营能够得到有续发展，利用一些空余的小型空间，分别设立了经销相关宗教文化产品的文创自营店、提供餐饮的素食斋房、可以聆听文化讲座的公共活动空间，以及为贵宾赐字准备的题词厅等多样化的功能性区域。因为这才是一个项目得以真正存在与延续的根源所在，更何况这是一个大型文化类、具地域性的综合景区。

多几个角度，换几种思维，天地更宽。我们团队在设计中，会尽最大可能多方位地去想问题，从施工方的角度、从管理方的角度、再从建设方的角度……当成为业主的朋友甚至是决策者的助手的时候，才能真正去理解、去判断一个项目为什么要这样做。在牛首山项目中，工作量其实已经完全超出了合同范围，完全超出了“乙方”的职责范围。前期策划我们做，施工控制我们做，艺术顾问我们做，甚至质量控制我们也做。抛开孤芳自赏，抛开自我局限，对整个项目全局负责，只有这样才能做好设计。

文化殿堂

如果说灵山梵宫以气势见长，那么牛首山项目则是将文化内涵融入艺术唯美而出彩。我们以中国佛教文化为主线，串起各种精妙的传统工艺，让这个项目成为“佛教文化艺术宫”。借鉴灵山梵宫在整合、融汇不同艺术形式方面的成功经验，本项目在佛教文化的底蕴下，以另一种途径，做到了各类顶尖传统工艺的无痕衔接。

舍利大殿中，作为宗教场所供奉佛祖顶骨舍利的圣塔——大舍利塔，是目前全国最大的室内华藏世界塔，总高 21.8 米，由佛光集团中国工艺美术大师王金林先生领衔督造，造型以象征佛教宇宙中心的须弥山形象为主，巧妙地糅合了曾供养顶骨舍利的大报恩寺出土的七宝阿育王塔和象征大日如来的三昧耶，提炼而成。大舍利塔通体为青铜铸胎锻造，并采用鎏金、水晶、琉璃、宝石等佛教“七宝”材质镶嵌，集掐丝珐琅、錾刻、鎏金等多种中华传统工艺于一身，融大小乘为一炉，通显密教于一体，其间还有玉雕大师佘国珍、吴立波合作倾力打造的 4 尊精彩玉佛，形制上精美绝伦，义理上庄严殊胜，在当下可称独一无二。周边供养的诸多佛、菩萨造像由慈颜造像的徐晓镛老师牵头统筹，众艺术家倾力打造，实现了完美的统一。

（左上）舍利藏宫之供养长廊实景
（左下）舍利藏宫之藏宫大殿实景
（右上）万佛廊效果图
（右下）五境梵池之“听檀”效果图

曲阜尼山圣母泉书院酒店

项目阶段：施工期

建设地点：中国曲阜

设计面积：约 20 000 平方米

早餐厅效果图

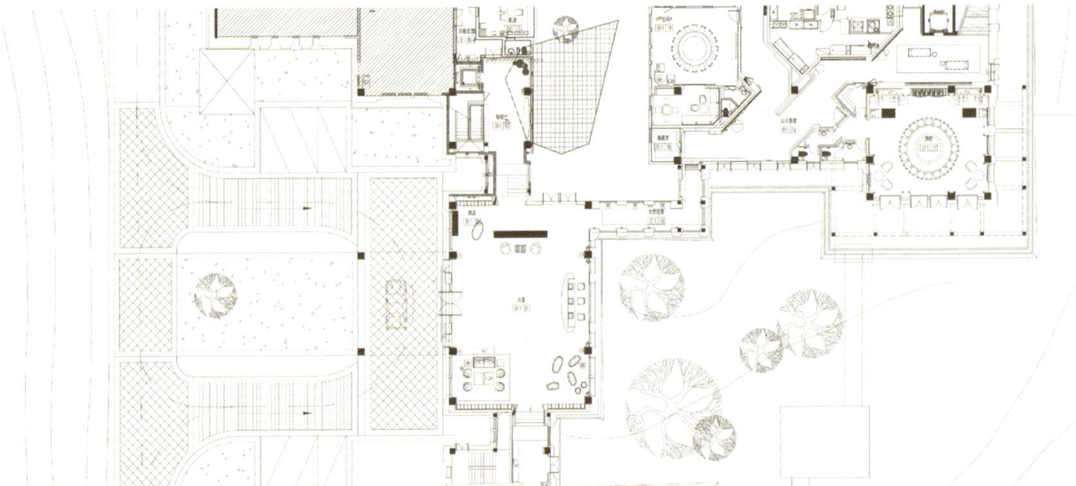

（上）大堂效果图
（左下）首层平面图
（右下）早餐厅效果图

（左）行政楼效果图

（右上、右下）样板房实景

无锡灵山君来波罗蜜多酒店

项目阶段：竣工

建设地点：中国无锡

设计面积：约 69 000 平方米

中庭实景

（左上）客房实景

（左中）大堂效果图

（左下）大堂实景

（右上）行政酒廊实景

（左上）中餐厅实景

（左下）宴会厅效果图

（右下）宴会厅实景

上海禾易·HKG 办公室（旧址）

项目阶段：竣工

建设地点：中国上海

设计面积：约 600 平方米

（中上）接待区实景
（中下）接待区艺术装置
（右上、右中、右下）走道局部实景

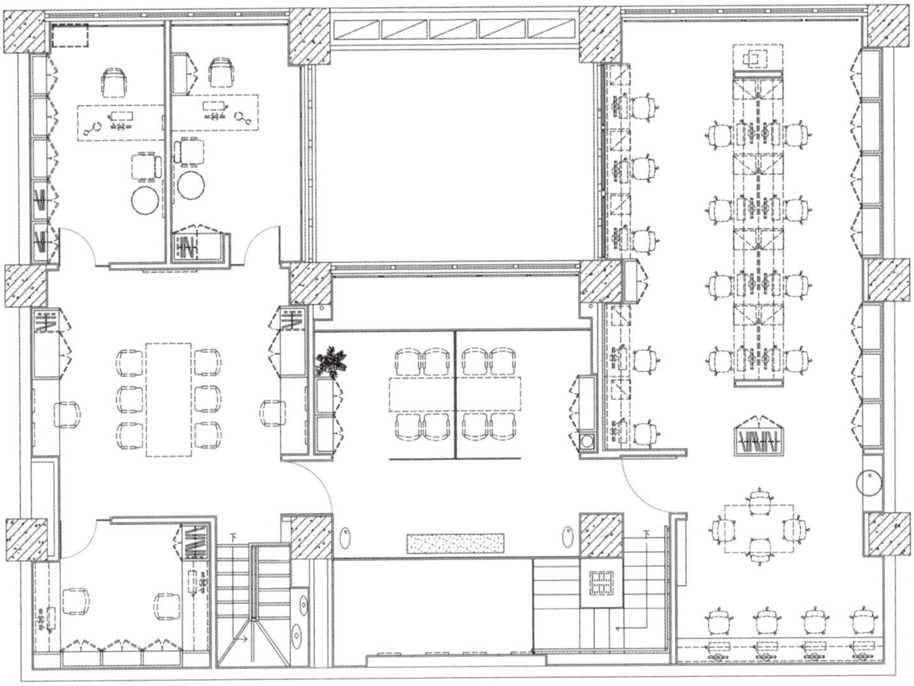

（左上）2层平面图　（右上）洽谈会议区实景

（左下）办公区实景之一　（右中、右下）办公区实景之二

无锡太湖温德姆至尊豪庭酒店

项目阶段：竣工

建设地点：中国无锡

设计面积：约 59 000 平方米

大堂效果图

（左）宴会厅效果图
（右上）中餐厅效果图
（右下）健身中心效果图

无锡灵山精舍

项目阶段：竣工
建设地点：中国无锡
设计面积：约 9 800 平方米

参悟佛性
感悟舍得

佛说：善于取舍是一种境界。小舍，小得；大舍，大得。难舍能舍，无所不舍，方能难得能得，无所不得。灵山精舍的成功正是应验了佛陀的智慧。为了实现"调身、调息、调心"的禅修体验，"把该舍的尽数舍去"，这正是本案设计师参悟的设计心得。2011 年，灵山精舍荣获了中国室内设计领域的重要奖项"金外滩最佳酒店设计奖"。

（左）大堂实景

（右）正门实景

坐禅思静，静而识禅

作为第二届世界佛教论坛的配套酒店，灵山精舍最初的名字为“禅修中心”，“禅”自然成为设计的灵魂。自始设计的 2008 年至 2010 年的开业，这个设计灵魂始终萦绕其间。这个项目其实是个类改造项目，接受室内设计时，建筑、设备均基本施工完成。

最初的灵感源于佛教史上第一座寺院——竹林精舍。相传释迦牟尼成佛后，居住在王舍城的竹林精舍为众人说法……我们也希望通过这个项目，让人们起居其中，体验禅意，于是酒店最终定名为“灵山精舍”。

要把虚无缥缈的禅修之所变为现实，还是一个建筑、设备已近完工的“精舍”，除了以前的知识积累，我们又出去考察了很多地方，也查阅了大量有关禅宗的书籍史料，从中得到诸多启示。这个灵感探寻、游习、设计，进而建造的过程，其实于我们也是一个参悟的过程。我们渐渐领会到，禅修需要调身、调息、调心，要把眼、耳、舌、鼻、身还原到最本源。禅的语言，是“退”的语言，没有火气。所以在设计中对材料的要求：石头要去光的，木头要做旧的，竹子要枯槁的，铜件要陈腐过的。这些手法的运用只为营造一个被岁月洗礼过的空间，坐禅思静，静而识禅。然而，在静的底下，还有一丝淡定的生机，沉淀于浮华褪变后的静溢之下。

（左上）大堂手绘图
（左下）大堂实景
（右）中庭实景

（左上）中庭立面图
（左下）中庭顶部实景
（左中下）中庭局部实景

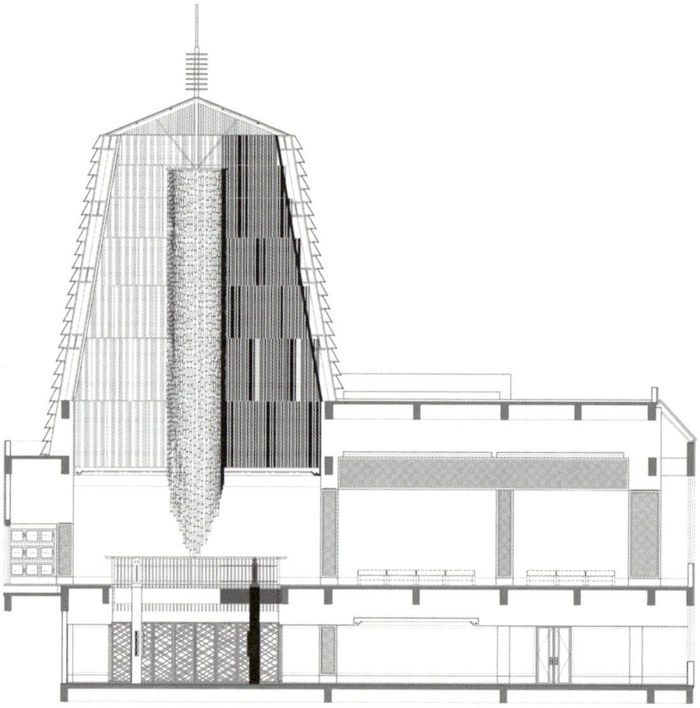

（右上）中庭顶部实景

（右中下）大堂局部实景

（右下）大堂局部实景

（左）走廊区域实景
（右）走廊区域效果图

静心体会，净心发现

世人性本自净，应无所住，而生其心。在灵山精舍的设计中，我们不断在做减法，不断实现趋零的回归。单建筑材料而言，我们受竹林精舍的启发，以竹子为主要材料。除了室外景观大量运用竹子，在室内空间设计的过程中，我们也尽可能应用到竹子。比如一些灯具及门上的附件，我们就直接拿竹子来做。一来很简单，二来当地盛产竹子，便于就地取材。其他有些部位无法直接采用竹子的，我们则运用木材、复合材料等，尽最大可能体现竹的感觉和韵味，融为一体。这样一个以竹为主要表达的大空间，在当时是不多见的。应当说这既是一种回归，也是一种先锋实践。

这种简净的设计，把物与欲的存在感降到最低，却又同时保留了其中精巧的功能性。大禅堂一无饰物，却很有味道。整料的台面，造型很简单，可能舒适度不够，但因为这里是以禅意体验为主题，也就意味着来这边是要做功课的，并不是来简单的休闲放松的。大禅堂里的椅子，实际上就是一个大的榻，在上面能够盘腿打坐，也可以把它当作桌子，坐在地上抄经。虽然简朴之极，但是一走进去，整个室内的氛围，能让你的心灵感到舒适和温暖。

（左）茶室局部实景

（右）茶室实景

归自然无我，寻生命本我

没有佛陀，没有菩提，禅的意境在别处又在此处。灵山精舍在山水丛林中，以几盏竹灯、几束枯枝，以及融入自然的天光，营造出超尘脱俗的禅境。一入大堂，木质的带有风化感的条形格栅天顶、旧铜打造的前台，还有竹子做的几盏大吊灯，让人的心一下子就沉静下来。朴素的客房，简单但也很精巧，透过细密的竹帘，目光可以穿越到窗后禅意的小院里。禅堂素雅，竹子的顶棚、竹子的天灯都照应着向禅的心灵，回归自然无我。

瓷器瓦器上的光泽泛着悠悠古韵，茶室的布置更让人在参茶的过程中调节心境，品出浓浓禅意。屋顶与墙面的竹条排列，在天光的变化下，将整间室内变成画布，折射出分秒都在变化的几何图形与明暗对比，用精心的人工设计，参悟天地周行的大道。而此间的花艺更是还原植物最简单的生命状态，生而死，荣而枯，都可以成为花叶的艺术。一草一叶，一石一木，一茶一饭，一桌一椅，一云一天光。驻足处，心归处，无生死。在灵山精舍，与其说我们营造了一个禅意之境，不如说让我们回归了生命本来的意和境。

（左上）餐厅实景
（左下）禅房实景
（右右下）客房卧室实景
（右中下）卫生间实景
（右下）公共休息区域实景

无锡蜗牛坊

项目阶段：竣工

建设地点：中国无锡

设计面积：约 2 400 平方米

蜗牛坊之城市慢生活

“上帝给我一个任务，叫我牵一只蜗牛去散步。我不能走太快，蜗牛已经尽力在爬，为何每次总是那么一点点？……慢慢地，我领略到了……”相信很多人都知道并读过它，然而正是这首题为《牵一只蜗牛去散步》的故事诗，给了我们设计师创作的灵感。

当今社会节奏已经太快，生活已经太过匆忙，如何在这样的人生中，不忽视周边的风景和人情，是我们越来越多地思考的……那么，请走进这家名为“蜗牛坊”的餐厅，走进那湿地之畔的静谧与写意，来慢慢地、细细地，在品尝舌尖上美味的同时，领略眼前呈现的自然美景。

（左上）首层平面图
（左下）建筑外部实景
（右）大堂实景

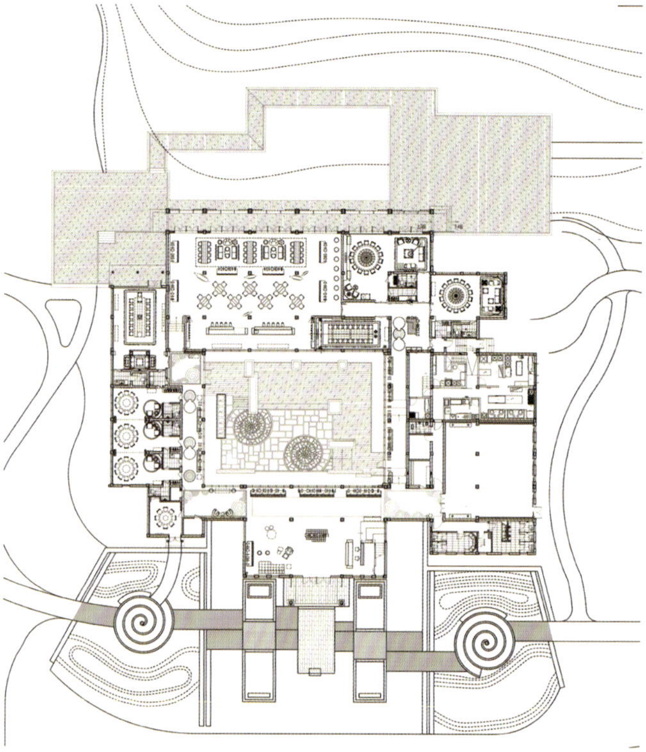

WALNEW

（左）酒吧吧台实景

（右中上）门厅侧厅实景

（右中下）庭院壁灯细部手绘图

（右上）酒吧艺术装饰实景

（右下）酒吧标识实景

（左）酒吧入口实景
（右）酒吧展示区实景

十人之作

蜗牛坊置身于无锡长广溪湿地之间，一个连接蠡湖与太湖的生态廊道之畔，一片水色秀美、蒲苇妖娆的自然之地。因我们在“灵山梵宫”“灵山精舍”等多个项目得到的良好反响，在开发湿地公园时，邀请我们对坐落其间的几栋小屋进行综合设计。其中一幢，面向社会大众开放的配套餐厅，我们逐为其取名为“蜗牛坊”，努力打造城市慢生活氛围。

在我们设计过的各种餐饮空间，其中不乏会所或五星级酒店的配套餐厅等，但对于一个完全独立的餐厅设计，这还是第一次。而且，这是一个可以完美地自我作主、自我决定、自我设计的空间，团队为之兴奋，选择几乎不计成本地投入。因为大家均颇感兴趣，设计之初，公司 10 名设计师一起参与设计，但刚进入设计环节，就发觉了问题：简直是十人十主意，完全无法统一。最后商定，整个概念设计由设计总监陆嵘负责，主创设计师们则对餐厅标识、服装、艺术品、餐具及户外景观改造等进行分项设计。而这些各个细节的设计工作对我们来说也是一行历练。最终整间餐厅的完成，也是这十位设计师一同精诚合作、整合设计的结果。

蜗牛坊大约 1 600 平方米，和以前的设计相比，算是一个非常“迷你”的项目。为了围绕一个“慢”字，在这自然生态的环境中，力求让空间更开阔敞亮，以期将室外之景与室内环境和谐融汇。为此，空间几乎没有夹层，完全保留大空间的效果。定位则既是餐厅，又具会务及设计产品展示的功能。在主要公共区域预留了大量的展陈柜台，为不同主题的创意设计提供展品陈列。让大家在享受味蕾之愉的同时，也感受到设计艺术与饮食文化的交融、互补，在用餐期间获得更多方面的全新体验。

（左）门厅实景

（右上）酒吧展示区实景

（右下）酒吧手柄实景

灵感化实

漫步长广溪湿地公园，溪流缓缓，云影缓缓，耳畔的风似乎也是缓缓的。一切都让人不由自主地要放慢脚步，去感受那时那境的自然与当下。恰在设计之初，设计师陆嵘在广播里听到那首故事诗《牵一只蜗牛去散步》，她觉得这个主题正是她设想的餐厅定位。就这样，与一首诗的邂逅，成就了这间蜗牛坊灵感的由来。

希望来到这里的人，都有牵蜗牛去散步的心情，去欣赏孤鹜云霞、浓荫成林、溪流淙淙，去享受艺术、体会亲情、友情、爱情，或者只是简单地读一本书、赏一池荷花……牵一只蜗牛去散步，是感受自然与生命，感受生活中释放的点滴之美。使人生不匆忙、不停顿，这也应该是我们共同的理想与追求。

为了体现 “蜗牛”的主题，众多艺术化的圆圈图案在设计中被使用，弥散在墙面、地毯、陈设艺术品和餐具之间。这些细腻质朴的线条，仿佛蜗牛缓慢爬过的印迹，笃定悠然。又像是一圈一圈的年轮，写满了日常的记忆与时光—— 简约、唯美、回甘。

为更好地与周边生态环境相融合。在材料选择时，刻意摈弃了现代感十足的玻璃或瓷砖，而采用了水泥、原木、钢板这些最基础的“原始” 材质。红褐色的黏土砖在以深浅两种灰色为底的空间中，尤为醒目；年代悠久的老木头映射出自然醇厚的光泽，与古铜色木饰面一并在空间内相互对话—— 虚实有序、清晰流畅；部分区域的大幅单元镜面以成角度错开的方式排列、间隔，点缀其中，折射出不同凡响的几何空间之美；由植物的形与色加以抽象提炼的地毯，质朴而灵动。

（左）包房休息区实景

（右上）南区会议室局部实景

（右下）酒吧实景

经历历程

蜗牛坊完成后，得到了很多肯定，并获得了当年“年度十佳餐饮空间设计奖”。但从纯餐厅设计的专业角度来看，却尚有许多需要修正的……因为其毕竟没有完全遵循市场的规律，而是一个设计师们以自我为中心打造的餐饮兼展陈的多功能场所，考虑了较多的展示空间，以致大量的实用空间浪费于不经意间。

落成之初，设计师一起去试菜，觉得很兴奋、很有趣，甚至有那么一些满足感。但越往后，我们在之后的经营中慢慢发现，当初的设计为餐厅营运造成了一些难以弥补的瓶颈—— 仅有的 7 间包间显然不能满足用餐高峰期的使用需求；每个包间均配的类酒店标准的卫生设施，却又占用了太多空间和投资……在真正接受了市场消费的考验之后，才意识到类似的问题，也使我们更深层地感受到设计不能单纯以设计师的主观意想为导向。

特别是在蜗牛坊获得“年度十佳餐饮空间设计奖”的领奖现场，设计总监陆嵘和其他主创设计师沟通后，感触良多。之前我们设计的餐厅都是大型酒店的配套餐厅，并不以餐饮作为盈利目标。而那些主攻餐厅设计领域的设计师对环境布局和业态分析之间的联系都考虑得更加周到。他们会详细了解餐厅要达到的综合目标（包括盈利），再决定区域的设置、设施等。设计不是“玩票”，如果不进行市场调研，不清楚定位和经营模式，就绝不可能设计出富有生机的作品。这其中的经验和教训，是我们在图纸或书本上难以学到的。

不仅是设计层面，这个也让我们学会多角度、全视野地思考问题。而非单纯地只考虑美观度、舒适度，忽略了餐厅的经营本源；也绝非不计成本，一味追求效果的完美。好的设计还应该兼顾运营后的投入和回报的比例。慢慢积累、慢慢思考、慢慢成长，我们的设计之路，也就这样一点点慢慢地向前延伸着。

无锡灵山小镇·拈花湾
商业楼 / 度假物业

项目阶段：竣工

建设地点：中国无锡

设计面积：约 4 100 平方米

栖居中的禅意与诗情

地处灵山胜境的项背，"无锡灵山小镇·拈花湾"天然浸染在深深的佛教文化之中。这里远离城市，视线所及是绵延的远山和未被现代水泥森林裁切过的天空。这般近乎桃花源的诗情，是一份真实的存在。在低缓翠绿的山坡上，在竹篱与绿荫之间，设计师更将禅意与诗情融进了小镇生活的每一个角落。地处灵山胜境的项背，"无锡灵山小镇·拈花湾"天然浸染在深深的佛教文化之中。这里远离城市，视线所及是绵延的远山及未被现代建筑划分的天空。这般近乎桃花源的诗情，是一份真实的存在。在低缓翠绿的山坡上，在竹篱与绿荫之间，设计师更将禅意与诗情融进了小镇生活的每一个角落。

业主的“偏执”成就项目的品质

近些年，人们在文化反思中越来越多地把目光投向自身，投向生活的来处，不再盲从更高更大，而是遵从民族的底蕴，回归精致、舒适、静谧。在构思无锡灵山小镇度假区时，业主极具远见与智慧，着意建成文化品位与生活情趣兼备的禅意小镇，这种定位吸引甚至是引导了文化层次较高的客户群的选择。

“灵山小镇·拈花湾”藏身无锡马山太湖国家旅游度假区，面临烟波浩渺的万顷太湖，背依佛教文化圣地灵山。山色葱茏，湖水潋滟，隐闻暮鼓晨钟。在这湖光山色之间，我们设计的理念便是“自然融入”——把建筑、景观、室内及生活融入环境，也把环境中的美融入室内。禅意地生活，诗意地栖居。小镇的业主对品质与细节有着无以复加的追求，甚至有些“偏执”，策划之初起点定位就极高，我们从项目策划阶段就开始一同进入工作状态。起初，拈花湾从规划到建筑、景观，都是由一家有点日本背景的公司完成。标准的中式民居建筑、景观中的庭院、水池、溪畔、绿树、苔藓，处理得井井有条，细致入微。其间仅苔藓一项，就从临安、萧山、天目山、宜兴、雁荡山、武夷山等自然生态极好的山区里挑选了不同的苔藓品种进行试验，反复几个周期，方试验成功。整个耿湾小镇就是建立在这样的细节品质之上。

建筑同样如此，盖好的房子因为达不到理想状态，就推倒重来。除了结构没动，为了完美的比例，整个墙体、挑檐都推倒过好几次。在业主看来，希望拈花湾能呈现出与其他小区完全不同的景象，不仅是一种度假的感觉，更要让人在一个优美的环境中达到心灵的真正放飞。

（左）大堂艺术装置实景
（中上）休息洽谈区实景
（中下）休息洽谈区局部实景
（右上）接待室实景
（右下）接待室细节实景

（左）多功能厅实景
（中上）多功能厅实景
（右上）VIP 室实景
（右下）多功能厅效果图

简朴的材质，营造禅意的生活

在团队的经历中，曾先后设计过多个与宗教相关的项目，在这个过程中，对于禅意及禅意与我们生活的关系，理解也越来越深刻。特别这次在设计“无锡灵山小镇·拈花湾”时，随业主一起去日本进行了深度考察，观摩了日本一些同类的社区。很多社区地处偏远，藏于深山，游客罕至。在这些不为游览、只为栖居的地方，我们观察、体会、领悟，逐渐明白禅意其实是一种生活状态，一种非常轻松简单的状态。走进那些日本人的家（当然这和日本整体所处的地理环境也有关），发现他们几乎没什么家具，他们在家里就是席地而坐。餐厅也很简单，没什么过分的装饰。除了有用的东西，其余几乎一概没有。不仅如此，所有的物品用具基本上都是使用自然的材料。这是真正地把禅意文化融入日常，做到了最简单地生活。

再回到拈花湾的设计，中国人可能并不适应那样极致简单的生活，我们的设计也不是简单描摹照搬的过程。由心生活，由心设计，从中国的传统文化出发，呈现最舒适自然的生活状态，才是我们自己的禅意与诗情。小镇的风格虽是禅意的，但建筑的形式和业态还是多元的，居住类型也是多样的，多间别墅样板房，要以不同的方式来呈现出不同的禅意，对我们来说依然是很大的挑战。在真正领会了禅意的生活本源之后，掌握“质朴、简单、轻松”这几个关键点，用色彩、风格、材质等不同的方式进行区分，随意随心地打造出不同的禅意家居。

简单轻松也并不是简单划一，而是可以变化万千的。有时尚的轻松、自然的轻松，也有低调沉稳的轻松。故设计中，以自然的木制品为主，加入了一些比较现代的、波普（POP）风格的艺术品，以及图案夸张的抱枕、大块的火山岩，时尚的轻松就形成了。对于一些适合年龄稍长、文化层次高的住户居住空间，在用材的色调上，相对沉稳一点，简约的中式风格又形成了…… 将禅意融入生活的每一个角落，就是要让生活变得简单再简单。设计就如同映月入水无痕，该有的功能一应俱全，让人感觉轻松和自然。可以在这里看看风景、发发呆。这种居家的禅意，就是一种生活的诗情画意，一种新的生活方式。

（左）“中式禅居”实景

（右上）“中式禅居”效果图

（右下）“中式禅居”实景

（左）“浓墨禅屋”效果图

（右）“清雅禅音”实景

（左、右）“异国禅韵” 实景

整体的搭配，平衡空间的调性

有这样建筑和景观不断反复推敲的过程在前，做室内设计时也倍感压力。虽然设计获得通过，但在真正现场施工中一直忐忑不安，尤其这个项目做的是 EPC 工程，要对最后完成的整体效果负责。

原本约定等全部工程完工后业主再来验收。可在完成了空间装修，软装陈设进行到大约 1/3 进度时，业主不期而至，对很多的细节、家具的颜色、表面的孔洞、条案的尺寸……提出诸多“质疑”，恐难有预想的效果。诚然，当整个室内空间还没最终完成，尚未调整到一个最佳状态时，确实会存在很多细节的问题。但这也是从另一个角度提出了必要的提醒和警示，让我们更加尽心尽力……值得庆幸的是，基于多年合作的信任，业主方还是决定由设计自己来做最后的统一调整与完善。

我们不是魔术师，也不是医生，但空间设计有时就像中医调理，是一个整体与细节并存的道理。细节的问题并非由细节本身解决，而要靠整体的搭配与平衡。条案是淘来的古董家具，无法修改尺寸，于是通过空间的摆设调整，最终让它达到一种平衡。桌子表面的孔洞，是天然的瘢痕，通过配合桌面的艺术陈设后，形成精细与拙朴的对比，那种自然的味道反倒成了它的优点……正是通过这种整体的搭配与平衡，室内效果基本达到了预想的效果。当样板房全部工程结束那天，室内的设计及陈设历经了逐一地、细致地检验，被大家一致认可。

北京大隐于市的四合院

项目阶段：竣工

建设地点：中国北京

设计面积：约 2 000 平方米

南北交融的新四合院

只要一提到北京四合院，大约每个中国人都能在脑海中画出它的大致模样：青砖灰瓦，高墙深院，照壁耳房，合乎风水，形制规整。院落宽绰疏朗，安恬静谧。是的，那是完全传统的建筑，以前几乎遍布北京城，而今只是散落其间。

这里是一处由四合院改造而成的企业会馆。企业总部设在上海，因此，这里一改四合院浓浓的京味儿，而是形成了南北风格交融、传统文化底蕴深厚的新四合院。

（右下）院落水景创意景观手绘图

（左）院落水景实景

（右）院落水景手绘图

南北交融

许多人在看了“灵山精舍”之后，都被那种淡雅自然的格调深深吸引。这间四合院的业主也是如此。他们因此而找到我们，希望能把“灵山精舍”的味道融合进来，将这间老北京四合院改建成有特色及独特文化的企业会馆，既在庭院景观、室内设计上与众不同，又能实现接待和会客、娱乐等功能。

整套建筑的中央是一座传统的四合院，周围附建了一些仿四合院建筑，加上庭院仅有约2 000平方米。在实地考察之后，得出结论：不能简单地复制“灵山精舍”，也不想仅仅把它还原成一个北方地域气息浓重的四合院。而是要把企业家的生活趣味和企业文化本身，都融入到空间和建筑中去。鉴于企业的老总生于江南，又在上海工作多年，因此，跳出四合院的北方传统，营造一种南北交融的感觉，成了这次的课题。

（左）茶室效果图
（右上）茶室灯具局部实景
（右中）太极馆门厅效果图
（右下）太极馆局部实景

文化之地

广雅有言：会，聚也。周礼有言：时见曰会。所以会馆的本意应当是聚会之所、待客之所。既有待客之意，则必有宾主之别，所以会馆还应当体现主人自身的文化趣味和价值追求。在设计之初，我们特别去参加了这家企业的年会，置身其中，悉心体会一切细节中的企业文化。在这里，老总钟爱传统文化，喜打太极拳，企业也有“太极外交”。他们提出“修身齐家立业助天下”的文化价值观，因此发展了诸多公益事业。渐渐地，我们发现中国传统文化中的“儒释道”精神，都在这家企业的文化里有所体现。

于是，设计理念就浮出了水面。我们希望通过质感、色调、景观等各个方面，将中国的传统文化，结合他们的企业文化，通过视觉效果呈现出来。水利万物而不争，用水来体现道家逍遥的自然情趣；与木石居，与鹿豕游，用木来体现儒家优美的人文格调；光，明也，用光的设计来体现释家慈悲的光明情怀。由此，这间会馆在待客之余，更是一个文化交流之所。

（左）老上海风情会客厅实景

（右上）东西偏房实景

（右下）东西偏房效果图

交流之所

对于设计而言，时时不能忘记其基础功能，那就是需要创造良好的空间，适应不同的会谈、会晤需求。这里是会谈之所，又不能一味止于说话，所以我们设计出很多不同功能的空间。大型的会客室，小型的贵宾厅；中式的茶道与香道，西式的雪茄吧和藏酒室；养生有太极馆与水疗厅，娱乐有堂会与自助吟唱。多重功能的实现，就是为了在待客之余，能够有更好地交流和互动，气氛轻松、祥和。

但是，这些交流又有近疏之别，其中有公共性的交谈空间，也有私密性的私人空间。所以设计一些较大的空间可以开座谈会，比较开放。另有一些空间是私人聊天休闲用的，相对空间就小些，半私密的。在设计之初，分析了不同空间的不同私密度，然后在空间的格调、灯光上加以区别。

（左）宴会厅实景

（右上）太极馆走道实景

水景创意

要打破四合院从元大都时期绵延至今的北方传统，唯有创新一途。与江南庭院迥异，北京四合院中几乎没有水景。一个重要的原因是北方天寒，冬日结冰会导致冻裂。但在道家体系中，上善若水，是极为重要的元素。于是突破常规思维，设计了仅 10 厘米厚的水面，水下铺设鹅卵石。入冬后水落石出，又成一景，问题就这样解决了。以水元素继续铺展，巧妙的将喷泉有秩序的排在庭院迎宾道旁来弥补树枝的缺乏，更成为一大亮点。

这些精彩的设计，有时是苦苦求索，有时是妙手偶得。设计中，儒家的自然古朴在贵宾室里得到充分的体现。一些非常复杂的传统工艺，如木雕、瓷器、玉器、屏风，特别是龙纹、云纹样式图案，都是极正的古韵，体现了传统文化的魅力。而佛家的光明情怀体现在光的元素上。如屋内主景的灯光背景画，在玻璃的背面用树枝和稻草粘贴，再打上背投光，就呈现出一幅光的山水画，精致而富有层次。会馆内的灯具，初看很普通，无惊艳喧宾之意，但投放出的光影流转潋滟，非常精美。可以说，处处是传统，又处处是创新。

水帘恭迎

在 8 个月的设计周期中，这个项目出现过一些反复和调整。如水景设计中的喷泉，业主最早同意了这个方案，但中途又取消了。因为按照我们的设计，水柱是从路的一边喷出来到另一边，管道的对位点应当是很准的。客人在水帘中穿行而过，绝不能有一滴水从中间滴落。业主进行招投标后，发现喷泉项目承包单位完全不能达到设计要求，于是一度曾想放弃。然而最终还是在有效、合理的分析后，坚持了这个方案，因为喷泉既是整个庭院景观的亮点，更是承载传统文化这一设计初衷的重要元素。在整个过程中设计师自己去寻找厂家，核实效果，洽谈沟通，反复与施工单位交流，最终使之水景得以实现。

同样的情况也发生在灯光、灯具上，因为对业主的承诺是全过程 EPC 工程，且整体造价是合理中体现最佳效果。业主当时也请了专业的灯光顾问来进行灯光设计，但灯光顾问选择的基本都是世界最顶级的灯具，价格大大超出预算。于是我们费尽周折，多方寻觅，最终找来能够符合要求同时又价格合理的产品，完美实现了最初想要的设计效果。

（左上）三进院效果图

（左下）西院彩立面图

（右上）庭院细部景观实景

（右中）创意灯光喷泉夜景

上海迷你空中观景亭

项目阶段：竣工

建设地点：中国上海

设计面积：约 400 平方米

迷你“空中茶寮”

这是一个约 400 平方米的“迷你”设计项目。从设计到施工完成，不过花了两个月时间。

但这绝不是一个简单的项目。它位于上海市中心一幢大楼，一个与顶层相连的特殊空间，眼前是全无遮拦的黄浦江景，这里是个以赏景为主的场所，可以冷餐、喝茶、会谈，也可以极目远眺，俨然一个别有韵味的“空中茶寮”。

震旦

草图的灵感

这个设计的缘起纯属偶然。由于之前“大隐于市的四合院”项目的成功策划与设计，我们团队得到这家企业的充分信任和认可。不久后，他们上海总部的顶层改造，就请我们去现场作参谋。

大楼地理位置非常优越，位居市中心，紧临黄浦江。需要改造的区域位于大楼顶层。临江望去，上海陆家嘴及浦江转弯处最繁华的景致尽收眼底。只可惜临江的排窗上，窗档过粗，横框又正好挡住了视线（这是很多此类办公大楼的常见问题），建筑主体的外观影响着室内对外视野，颇有些煞风景。

但与顶层相连的天台一侧，则有一种别有洞天的感觉。面前无遮无拦，还有一派无敌江景：蜿蜒的黄浦江缓缓伸展着，对岸的陆家嘴高楼林立，阳光、蓝天、白云铺底，真乃此处风景独好。于是思路大开：只要有效规避严寒酷暑，这里应该是个绝好的景观亭。

站在楼顶，突然间的灵感涌动，一张张草图顺着思绪就这样飞扬着。面对无敌江景，看着这诱人的风景，用玻璃围合的设计方案变得顺理成章，让眼前的美景尽最大可能、没有任何遮挡地呈现出来。除单纯的观景之外，又在其中恰如其份地融入了使用功能，成为可以让大家安静地喝茶、赏景的地方——面对黄浦江，心情怡然……

建筑外立面实景

（左）无敌观景房实景

（右）家具局部实景

以水为景的喝茶之处

原本圆形的建筑平面，除出中间的排烟设备，可利用的空间是一个环绕型的结构，宛如一个甜甜圈，面积不过400平方米。要在如此小的空间里做出些不同的特色，并不负这无敌的极目江景，对设计是一个挑战，应了上海的一句俚语“螺蛳壳里做道场”。而更具挑战的是，整个过程只有两个月的时间。

为求完美且独一无二，还在环形旁一块相对宽敞的地方，同样用玻璃围合出一个会谈空间，形成一个整体的功能空间。所有室内大量的家具、软装、茶台、案几等陈设品、实用品均精心挑选、摆放，为防万一，增加配置了餐桌、简易厨房。设计、修改、施工、控制、软装…… 最后真是排除万难，才让这个“空中茶寮”顺利诞生。

两个月后，登上天台，由大片圆弧形的玻璃围合起的这个全景式的开放空间。在夕阳西下、江水粼粼的落日余晖里，为陆家嘴的楼群增添了一抹亮色。在这浦江之间，海关钟声回韵悠扬，品茗之中谈笑、小酌、遐想，自有另一番的逍遥与欢畅。小小的空间，原来也可如此地优雅。

（左）无敌观景房实景

（右）无敌观景房局部实景

无敌观景房实景

上海证大外滩金融中心

项目阶段：方案

建设地点：中国上海

设计面积：约 6 000 平方米

大堂效果图

（左）空中大堂效果图

（右）空中大堂水景效果图

AURORA
中华玉文化

（左上）酒吧效果图
（左下）酒吧手绘图
（右上）户外露台手绘图
（右下）户外露台效果图

（左上）会晤区效果图
（左下）行政书房效果图
（右上）大堂吧效果图
（右下）过厅效果图

上海禾易·HKG 会务区

项目阶段：竣工

建设地点：中国上海

设计面积：约 800 平方米

贵宾厅实景

世 纪 不 动
P

（左）餐厅实景
（右上）贵宾厅局部实景
（右下）餐厅音响实景

无锡创意产业园

项目阶段：扩初

建设地点：中国无锡

设计面积：约 24 000 平方米

（右上） 金星大堂效果图

（右下） 木星大堂效果图

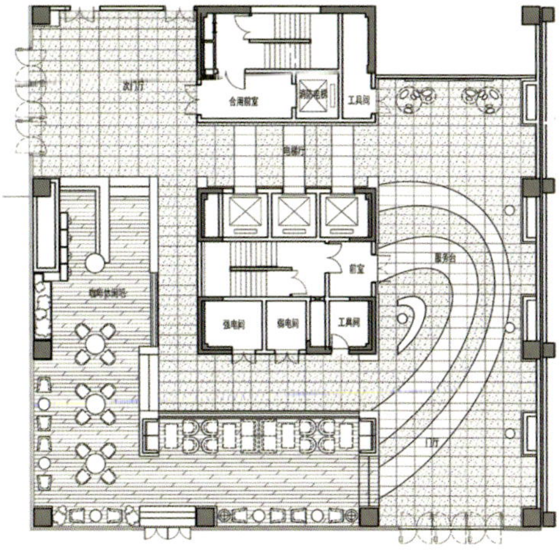

（左）电梯厅效果图

（右上）水星大堂效果图

（右中）火星大堂效果图

（右下）首层平面图

常州广电办公 / 接待 / 剧场

项目阶段：方案

建设地点：中国常州

设计面积：约 7 150 平方米

广电 CTV 大堂效果图

（上）新古典风格接待区效果图
（下）中式风格接待区效果图

（上）剧院门厅效果图

（下）剧院效果图

功能的整合

上海浦东国际机场（二期）

项目阶段：竣工
建设地点：中国上海
设计面积：约 260 000 平方米

木色平顶的机场

人们在这里挥别转身，又在这里相遇重逢。机场是一个城市起飞与降落的轰鸣曲线，也常常是每一段人生的出发与抵达。在这种宏大与细微之间，惟愿有一抹温暖的背景与底色。这就是我们在设计上海浦东国际机场 T2 航站楼时的想法。在一个公共交通建筑的功能之外，还有一份温暖的感受在其间传递着。

于是，就有了这个关于木色平顶的非凡经历，一个一波三折却又耐人寻味的故事。

脱颖而出的色彩

在浦东机场这样重大的项目中，竞争是非常激烈的，同期参加竞标的境外室内设计单位众多，最终我们在包括法国戴高乐机场的设计团队等几家非常优秀的同行中脱颖而出。在华东设计研究院的建筑总体设计下，负责 T2 航站楼的所有室内设计。这也是我们在考察了国内外诸多机场之后,立志要在设计上取得突破的缘由。

其时，广州白云机场和香港机场先后落成，整体基调都是灰色。这种万能色虽不令人反感，但缺乏我们想带给人们的温暖感。就像在水墨的淡彩中，加入些许温暖的亮色。在保证功能之上，机场也可以有更多样的表达。巧合的是，在我们做浦东机场设计的同时，北京机场 T3 航站楼也在进行设计。建成后，北京的红色、上海的木色，将双双成为各具特色的国内机场。

不经意间，相呼应了一种共同的设计思路—— 在硕大的、略显冰冷的大空间中寻求蓝、灰的突破，让人们在这个空间中更加温暖、舒适。这正是设计想要传递给人们的感觉。我们的外方设计师 Calvin.Slinn 曾经设计过温哥华机场，那是一个非常亲切、舒适又有主题的空间，时光虽过去多年，然至今还连续 5 年蝉联全球最佳机场（2009 年 — 2014 年）。

设计第一稿的时候，为了和 T1 航站楼的深蓝色有所区别。我们希望这个空间有一种温暖的颜色环绕，于是就有了整片面积的木色天花。

（左）办票大厅实景
（右）顶部细节实景

G
国内出发 Domestic Departures
国内出发 Domestic Departures
International Departures
International Departures
International Departures
问询
问询 Information
海关申报 Customs Declaration

(左)办票大厅局部实景

(右)售票大厅手绘图

19
20
21
22
23
24
25
Beijing 2008
FISCAN

8
9
10

专题汇报的定夺

因为这个木色的选用，在当时可是让整个设计过程一波三折。华东设计研究院对第一稿设计非常满意，但因为创新的原因，恐无十足的把握，希望我们再拿出其他的设计方案备选。于是又制作了三个方案，分别是木色、灰色、蓝色(其中蓝色方案是要和 T1 航站楼相呼应)。方案提交后，华东设计研究院专门召开了一个设计方案论证研讨会，最终十多位专家的意见竟然仍旧选用颇为保险的灰色，这当然是出于稳妥的考虑。时任华东设计研究院院长的沈迪，也是这个项目的总负责人，和我们室内团队有了一段如下有趣的对话：

"抛开一切的因素，你们心里面最喜欢的是哪个方案？"

"还是木色。"

"那就好，你们如果心里认可的是这个木色，我们华东院就支持你们。"

机场方面在听了华东院和我们的汇报后，也听取了各方意见，因为毕竟机场是上海的门面，决定再向上海市的有关领导作最后汇报。并约了时间，直接去向当时的市领导汇报。汇报中，Calvin 先生表达了他对中国文化的理解和对机场的设计理念："中国人很传统，讲究'天地人'。T1 航站楼的顶面是深蓝色，代表天；T2 航站楼我们做木色，可以代表地；后面三期的两个卫星厅，可以设计出人的感觉，这样整个浦东机场就可以达到天地人合一的效果……"市领导听完就说："可以！那你说说那个'人'，你准备怎么做？"Calvin 先生答曰，"'人'怎么做还没想好……但一定还会有一个精彩的设计。"亲切、愉快的汇报后，市领导在认可了木色之后，希望日后三期看到"人"的设计，木色的平顶就这样诞生了。

之后的设计、深化、放样、施工……，当所有的脚手架都放下来的那一天、那一刻，我们终于看到了努力后的成功——因为整个空间传递出的温暖与舒适，正是设计师想要表达的感觉。

(左上)办票柜台实景

(左下)国际出发口手绘图

（左、右）国际出发等候区实景

以人为本的设计

在设计中还遇到的最大难题是，在那么大的空间里有很多一个一个的小空间，比如机房、办票柜台等，如何让它们错落有致地分布呢？我们用了很多玻璃材料来进行隔断。因为是在大空间里的小隔断，如果用实在的材料隔离包裹的话，会阻断空间和视觉的流畅感，所以最后选择了玻璃，并在里面加一点灰色，使空间效果变得轻盈而舒畅。为此，我们做了很多实验，以验证玻璃的实际效果，打消了所有来自方方面面的疑虑。后来的事实进一步证明，这个设计是成功的、是人性化的。

作为一个功能众多、流线复杂的公共交通建筑，洗练、整体、大气是其中应有之义，但也要花更多的心思在人们的心理感受上。本案设计中，一直将“以人为本”的理念贯彻始终。从把地面的塑胶垫换成地毯，把光秃秃、冷冰冰的钢椅套上椅垫，再到整个空间重点区域人性化材料的运用，种种细节的考量，都是为了增加候机楼功能的方便、舒适和愉悦感。

让“以人为本”的思想深入到每个空间和细微之处去，让人们进入航站楼后，不论在哪个空间都有舒适轻松的感受，让别离不再冰冷，让重逢更加温馨。

（左、中）国内到达实景

（右）国内出发与到达手绘图

上海瑞金洲际酒店

项目阶段：竣工

建设地点：中国上海

设计面积：约 3 300 平方米

视觉与感觉的角力

若以不同风格的女性来比喻设计作品，五星级（商务）酒店就好像是一位身着精致套装的职业女性，妆容、服饰及举止都温文尔雅、一丝不苟。她虽不是最美丽妩媚的那一个，却总是最妥帖舒适的。

洲际作为全球排名第一的专业酒店集团，旗下的五星级酒店旨在“为全球商务旅客带来豪华舒适的下榻环境及贴心周到的卓越服务”。上海瑞金洲际酒店的室内设计，也正是围绕这个基本宗旨而展开。

（左上）建筑外立面实景

（左下）琅庐餐厅平面图

（右上）琅庐餐厅取餐岛实景

（右下）琅庐餐厅全景效果图

带着镣铐的舞蹈

上海瑞金洲际酒店的室内设计项目，源于与洲际管理集团之间那次“不打不相识”的合作。正是经历了上海世博洲际酒店项目从否定到肯定、从质疑到信任的磨合，最终使我们成功进入了洲际酒店的设计顾问公司名录。

巧合的是，这次也是一个“救场”项目。上海瑞金洲际酒店的室内设计原来由一家境外设计公司负责，并且双方已经合作了近两年时间。离酒店开业仅剩半年，室内设计却有些未达到预想效果。于是，经洲际酒店管理公司推荐，由我们接手继续改造。

这一次的改造，共涉及餐厅和三百多间客房。墙面硬装部分的木饰面已施工完成，深红色的主基调已成定局。部分家具、灯具已经订购，若更换，会使成本大量增加。但这些限制都会关系到最终效果的呈现，对设计来说是一种挑战。若换个角度思考，设计本身不就是“带着镣铐的舞蹈”？我们应该有勇气接受这样的挑战。

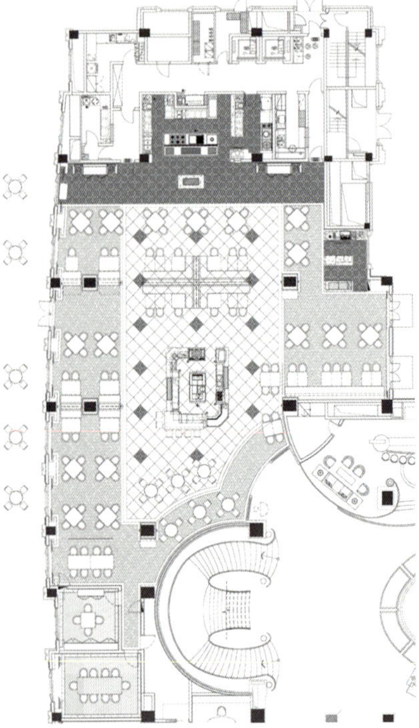

Merry Christmas

“面面俱到”的思考

酒店的改造工程，就设计论，装饰效果和环境舒适是尤为重要。就管理论，质量将影响其未来的运营。就业主论，时间、成本这两项也不可或缺。面对不同的立场、不同的要求，我们必须在多、快、好、省与品质至上之间综合平衡。

对改造设计而言，大到整个墙面、小到某件家具，改或不改？能改掉多少？改掉这些值不值得？都要从各个方面仔细权衡。在改造范围内的各方面限制下，只能因地制宜、因时制宜。

客房区的300套房间，虽然整体过于暗红木的饰面已无法再做调整，但是墙面涂料的色彩搭配可以重新定义，以青色系的元素，拂去原本浓烈厚重的压抑感，再饰以细节丰富、线条优雅的灯饰，分散空间的视觉关注焦点。一部分毛胚已经制成的家具，就在颜色上做文章。其余一些未定之家具部分，则由我们从造型到色彩进行整体设计，尽最大程度去契合酒店精致高雅的风格初衷。

（左上）琅庐餐厅手绘图

（左下）琅庐餐厅 VIP 用餐区实景

（右上）琅庐餐厅散座区实景

（右下）琅庐餐厅散座区实景

餐厅中央的岛屿

改造与平衡，并不意味着四平八稳，乏有新意。在有限的条件下，仍然希望做出富有创意的亮点，酒店的全日餐厅就是其中之一。尽管只有半年时间，但从重新布局平面，到进行整合实施，再到厨房顾问协调，还是一个步骤也不少。

现场餐厅的墙、顶、地面都已装修完成，看似可发挥的余地并不大。但经过不同角度的周全思考，如何令客人有一种在厨房里用餐之独特体验的“厨房式餐厅”的设计理念跳脱而出。于是在餐厅中央，就有了一个 360° 全景式厨房。厨房将不再只属于厨师，人们可以随时走进去，观看厨师做菜或与厨师交流，实现厨房和客人之间的开放互动。重新设计用作餐品展示的中岛区，更拉近了菜肴与客人的距离，提高了渴望品尝的吸引力。

全日餐厅特定的自助餐形式，是希望客人坐在位置上就能关注到取餐台，取餐台需要占到顾客视线所及的 80% 以上。而餐厅的其余部分，虽面积较大，但并非顾客的注意力所在。从这个角度来说，虽然餐厅的绝大部分已经装修完工，但我们依然达到了 80% 的视觉关注力，也让整间餐厅的设计成为亮点。

（左上）琅庐餐厅取餐厨房实景
（左下）琅庐餐厅实景
（右上）琅庐餐厅取餐厨房彩立面图
（右中）琅庐餐厅取餐岛效果图
（右下）琅庐餐厅效果图

感同身受的设计

做酒店设计，最根本也是至关重要的，首先是舒适周到、功能合理、能够满足客人的需求。然后才是环境的美观、特色。当然，不容忽视的还有投入的性价比要高。对于客人来说，服务是衡量一家酒店好坏的关键要素，到位的服务有时也是基于合理的设计。与参观类场所不同，酒店不光是给人观赏，更是供人感受使用的。要令客人在酒店内的生活起居舒心，任何一个环节出了问题，都会影响使用，让客人感觉不适，甚至引起投诉。

若是简单让步于美观而忽略掉一些基本的功能，就失去了服务的根本意义。本项目在客房部分的改造中，考虑到住店客人，床榻休息会占用其大部分时间。所以对于不同标准的床榻尺寸都指标严格把控。即便要使房间看上去更加宽敞明亮，也决不会简单压缩床的宽度，而是在房间的装饰材料和色彩选择上挖潜。全日餐厅的改造，专业性的功能需首先遵从。设计时就和酒店的厨房顾问、餐饮总监等专业人士一起沟通商议。冷菜区、甜点区、热厨区、中厨区、西厨区等不同的功能合理布局，尽最大的可能方便了客人。

设计中永远不容忽视的环节就是细节。无论选材用料，还是做工工艺，都细致讲究。对于比较难以掌控的客流动线及设备的完善，我们在设计之前进就行有预期地规划。不等问题发生之后再去解决，有效避免陷入被动。我们也是在不断学习、不断实践中积累了这些经验和教训，让自己的设计时时进步、臻于完美。改造项目带来的不仅仅是考验，更是设计团队的成长机会。

（左）标准客房实景
（右上）套房卧室实景
（右下）套房客厅实景

上海百乐门酒店

项目阶段：竣工

建设地点：中国上海

设计面积：约 2 250 平方米

大堂实景

（左上）大堂手绘图

（左下）大堂局部实景

（右上）贵宾接待区手绘图

（右下）贵宾接待区实景

上海露香园酒店式公寓

项目阶段：竣工

建设地点：中国上海

设计面积：约 10 200 平方米

（上）早餐厅手绘图

（下）早餐厅实景

（左上）标房客厅效果图

（左下）标房餐厅实景

部分照片提供 / 鸣谢：上海露香园服务式公寓 – 逸兰管理

（右上）标房卧室效果图
（右中）套房卫生间效果图
（右下）早餐厅楼梯区实景

上海露香园样板房

（软装设计与实施）

项目阶段：竣工

建设地点：中国上海

设计面积：约 800 平方米

（右上）客厅实景
（右下）餐厅实景

（左）主卧室实景
（右上）卧室局部实景
（右下）书房实景

上海建材集团公司办公楼

项目阶段：竣工

建设地点：中国上海

设计面积：约 6 735 平方米

大堂效果图

SBM

（左上）接待厅效果图
（左下）会议室效果图
（右）员工餐厅效果图

上海浦江之首

项目阶段：竣工

建设地点：中国上海

设计面积：约 7 100 平方米

建筑外立面效果图

（左上）拜会厅实景

（左下）公共走道实景

（右上）拜会厅效果图

（右下）中餐厅效果图

邯郸鑫域国际酒店

项目阶段：施工期

建设地点：中国邯郸

设计面积：约 40 000 平方米

大堂吧效果图

（左）行政酒廊效果图

（右）大套房效果图

无锡灵山梵宫

项目阶段：竣工

建设地点：中国无锡

设计面积：约 75 000 平方米

一座全方位设计控制的佛教殿堂

灵山梵宫建于无锡灵山文化旅游区内，之所以备受关注，是因为它的整个建筑过程颠覆了以往大型传统文化项目的那种分单项、各自为政的操作方式，统筹并弥合了所有的边界设计。始自前期策划、创意设计、直至施工全程参与控制，可称作是在中国设计界的“类 EPCM（Engineer Procure Construct Management，即“设计施工采购管理”）”。无论从规划、建筑、机电、室内乃至标识，还是文化及各种传统艺术之间的众多分项，均拿捏得恰到好处，并做到绝对的无缝衔接。最终将完美的整体空间形象和氛围呈现在人们的眼前。

这让我们充分感受到前期策划及全工程控制的重要性，也为以后的此类型项目，树立了可参照的楷模。

建筑外立面实景

（左）廊厅实景

（右）廊厅藻井实景

摸着石头过河的“新里程碑”

在我们走过的十多年的设计之路上，灵山梵宫毫无疑问是一座“新里程碑”。这座屹立在无锡灵山大佛脚下的恢弘建筑，曾获得“东方卢浮宫”的美誉，并成为世界佛教论坛的永久性会址。2009 年春节期间，中国台湾佛教大师星云法师来到灵山为游客祈福，看到总建筑面积达 7 万余平方米的梵宫时，对随行的弟子感叹：“我看梵宫是伟大、伟大、真伟大。闻所未闻，见所未见！”自灵山梵宫之后，有关宗教、文化、旅游方面的建筑设计项目邀约一个接着一个，有的业主甚至明言：“只要和灵山梵宫做得一模一样……”我们的回答往往是：“灵山梵宫是不可简单复制的。”但是，谁又曾想到，在设计之初，起步是何等艰难。

2005 年，最初的设计任务，只有这样一句话：“新世纪文化遗产。”随后是：“一个综合性的会场”，而且“可能会有餐饮、住宿”，都只是“可能”，也没有最后确定。这是一个边想边做边完善的项目，一个全新的创新模式。谁也不知道，最终这将会是一座什么样的建筑。因为，没有任何案例可照搬，也没有任何样板可参考。单就外观造型，业主方前期共征集了 17 个建筑方案，其中有 16 个都是现代主义风格的建筑。但是，经过深思熟虑后，毅然选择了唯一的颇具古典主义风格的建筑方案作为发展方向。因为梵宫将是集宗教、文化、艺术于一体的非凡建筑创作，更承担了提供游人参观旅游的使命，必将成为旅游奇观。如果它是一座在城市里常见的幕墙建筑或者是所谓的抽象公共建筑，那么还有多少游客会不远千里，花时间、花钱购票进去参观呢？也许很多人会有这样的疑问：对于这座建筑的构想，为何会融入西方建筑特点？

西方的宗教建筑会让人产生敬畏之心，因其集中展现了经典雕塑、壁画等形式的精湛艺术。无论何人，步入其中，即使不为信仰而生敬畏，也会拜倒在伟大的艺术之下。相比之下，中国的宗教建筑就显得较为薄弱，能否在这方面有所借鉴与突破？可否把中华璀璨的文化艺术引入到梵宫？就成了一个新的、需要思索和探讨的问题。带着这些思考，我们开始“摸着石头过河”边走边干。第一步就是走出去，去考察大量东西方文化背景下的宗教建筑。从国内的佛教名山、圣地，到印度、尼泊尔，当然还少不了欧洲的各大教堂。这种“走”不是走马观花，是在惊叹于古迹的同时，认真观察、分析、研究其中的结构、图案、用色、比例关系，开始考虑哪些元素可以提炼。尤其是来到星云大师在台湾创办的佛光山道场，我们惊讶地发现道场设在写字楼中，现代化的会议室、图书馆、美术馆、录音堂及儿童活动室与传统的大雄宝殿、斋堂、禅堂齐聚一处。星云大师所说的“人间佛教”的观念更如醍醐灌顶，使我们对佛教建筑的理解更深了一层——现代佛教建筑已经不仅仅是供奉佛像的场所，而是要为信众提供更多的服务功能。在我们的头脑中，灵山梵宫终于依稀有了一丝轮廓。

（左上）圣坛顶面手绘图

（中上）塔厅顶面实景

（左下）塔厅塔厅实景

西式空间中的“中式绽放”

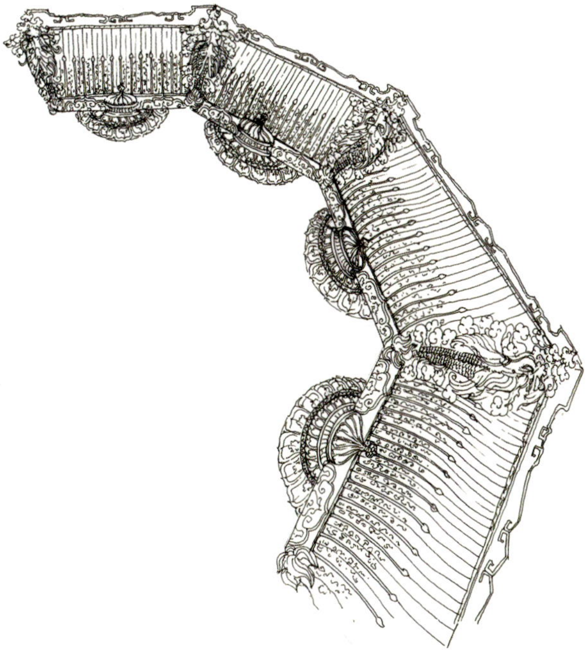

正当灵山梵宫的定位一点点清晰起来，设计工作一步步深入展开时，一件意想不到的事发生了。2006 年 6 月的某日，建筑施工基本成形。设计中梵宫最重要的廊厅、塔厅的方案，竟然被业主全盘推翻了。要知道，那是十几位同事连续熬夜几个多月做出来的、几乎达到施工图的设计，如今却变成了一堆堆废纸……“这样的设计太西化了，会让人产生陌生感。”业主方的否定像惊雷一样在耳边炸响。我们的设计师感到委屈：不是要借鉴欧洲建筑对空间感的塑造，突破传统佛教建筑的形制吗？不是要让每个进去的人们都有一种崇敬感？那么，以类似欧洲教堂的装饰元素和石材材质来装点室内空间，为什么又说是太西化了呢？业主方的话并非空穴来风。其时，他们也是刚刚从加拿大考察归来，带回了关于蒙特利尔教堂的见闻。与绝大多数西方教堂不同的是，这座教堂大量采用了木饰面，在高科技的灯光配合下，教堂同样显得非常古典和精美。我们不得不放下鼠标，停下手中的纸和笔，重新陷入思考。

究竟是什么才会让人感到震撼？什么才最能打动人心？当静下心来，发现在庄严的宗教文化背后，世世代代传承下来的佛教文化艺术透射出的是人类无比浪漫的想象。那些优美的形态，无论是敦煌飞天的婀娜舞姿，还是弥勒佛的憨态笑容，正因为它们似乎不存与世，只在梦幻中，在彼岸，才具有足够的吸引力，才让人产生敬仰之心。于是，全新的设计定位终于明确无误地浮现出来——把众多中国传统的佛教文化艺术融入到这个有着西方建筑结构的空间中，并用传统与现代均衡的审美观，用最体现中华民族传统文化的艺术手法，来装点这座建筑，并做到让这些艺术元素与建筑、室内的环境、功能之间展现的入水无痕。在梵宫内创造出能反映佛教文化内涵的艺术空间，无论从宏观还是细节，点点滴滴，让中国的传统艺术及佛教艺术之美直指人心，令参观者进而产生强大的共鸣。这一回，我们心甘情愿地推翻了原来的设计。在廊厅 8 米以上的部位，大量的木雕构件被融入，而在塔厅，则从上到下全部采用楠木、樟木等装饰，冬瓜梁、雀替跃然呈现，中国传统建筑的构件形式随处可见。每一层构件、每一根梁柱上，都附有适度的佛教故事或吉祥花纹。同时，以佛教文化艺术为主题，木雕、石雕、漆器、琉璃、生漆脱胎雕塑、铜雕、掐丝珐琅、瓯塑等诸多民间传统工艺的精粹，也都在这里“八仙过海，各显神通”。在整体室内设计效果的一体化控制下，大量中国传统工艺得以运用，使梵宫平添了中国味，增加了亲近感，也减灭了其风格被过于西化的顾虑。

（右上）塔厅局部手绘图

（右下）圣坛塔厅实景

（左）圣坛塔厅实景

（右上）圣坛塔厅顶部实景

室内设计界的“执行导演”

可以这样说，还从来没有一个设计项目像灵山梵宫那样，聚集了那么多全国知名的传统工艺美术大师。自从广发“英雄帖”后，将传统工艺应用于梵宫的构想，让国内100多位工艺美术大师激动不已，齐聚灵山，纷纷出谋献策。这既是难得的盛事，也对我们提出了极大的挑战。因为这个项目不是一个常规意义上的独立体设计，也不是把众多精品堆砌在一起。而是要在保证室内所有功能、设施、设备完善的前提下，让大师们通力合作，去完成一项综合性的“精品工程”。可能他们之前在不同的项目里合作过，但基本上都是各自负责一个范围，边界清晰，互不相结。虽然他们每一位都不乏创作艺术精品，但是所有的精品整合在一起，可能未必达到理想，就像把所有的好食材都放在一起下锅，不一能端上一盆珍馐。所以在灵山梵宫的合作中最大的难点，是如何让他们每一位都放下架子，精诚合作、相互弥合。

于是，我们在“业主编剧”下当了一回“执行导演”。要做的就是精心挑选“名角、曲目”，不断从中协调，保证让每个部分都精彩亮相、戏份给足、又互不抢戏。在设计的本职工作之外，我们扮演了一个执行导演的角色，让不同工艺之间的搭配自然过渡，设备运作不受影响，让所有的“演出”做到无缝衔接。如东阳木雕、景泰蓝、琉璃等大师，各自均为本行里的绝顶高手，但要将这些手工艺术融合在一起就显得格外困难。谁唱主角呢？最终我们按照不同区域、不同比例来合理分配，没有某一个人是绝对唯一的主角，但都确保整体效果。因为从未这样做过，不可避免地，这些工艺美术大师之间也会产生分歧和摩擦，常常也会固执己见，这很正常。反而，我们从中总结出一整套设计这种大型、综合性艺术创作项目的模式：先创意、再整合，最后共同完成合作。找到平衡点，避免艺术大师之间、不同工艺之间的冲突。如此尝试，不仅我们是第一次，艺术大师们也是第一次。大家彼此是叠加式的合作，相互渗透，相互衔接。感恩的是，当工程最后完成，所有的参与者，从施工人员到艺术家，都找到了自己的位置，都贡献了自己的才智。大家也都最终明白，这样的合作方式，不是各项工艺的简单累加，而是在相互促进。最终，这些中国传统工艺在各种灯效的精心映衬下，绽放出耀眼夺目的光芒。由此设计这个项目灯光系统的艾特照明在当时国内的照明界也树立了一个里程碑。如今，当游客踏入灵山梵宫，让他们感到强烈震撼的，并不是一件件精美绝伦的工艺品，而是由这些各不相同的传统工艺完美整合而成的一台气势磅礴、精彩纷呈的室内巨制大戏。

（左）圣坛塔厅局部实景

全程定制下的“蹊径之路”

灵山梵宫的设计模式也是开创性的。过去，一般往往是先把建筑大部完成，再进行室内设计。设计公司只负责出方案和施工图，然后现场交底、解决问题。而在这个项目里，从最初的建筑规划到最终的质量控制，作为室内设计，我们全过程、全方位参与。用一个时髦的词来形容，那就是“完全定制”。这种模式，决定了我们工作量的成倍增加。首先是提早介入。打个比方，从前的婴儿，出生后的穿着，可能就直接拿哥哥姐姐的衣服改改，尺寸合适即可。而当今提倡优生优育，父母可能从孕期就开始规划准备，每一步成长，都是度身定制……这就意味着，从一开始进行建筑规划、创意设计时，室内设计就得进入工作状态参与策划。在一起确定了初步的规划及具体功能后，再来细分哪些是建筑的工作，哪些是室内的工作，哪些是设备的工作，哪些是艺术的工作。其次是不断磨合。从设计到施工的整个过程中，一直在创意、一直在修改，犹如为一个不断生长的孩子量体裁衣。由于这个项目从设计到建成前后仅花了 3 年时间，而且建筑设计和室内设计几乎同步进行。从最初，我们手里的没有一版明确的建筑图，现场的建造也在不断地变化，直到最后慢慢塑造成今天的规模。用了“塑造”这个词来形容这个项目的建设，是因为它不是简单地用材料造出来的，而是我们所有团队一起“捏”出来的，一起整合出来的。

最后是全程质量控制。对这个项目来说，不但要控制施工质量，还要控制艺术质量。最大的难点是灵山梵宫的空间尺度超乎想象。以前我们设计的大空间，如人民大会堂上海厅，高度不过八米左右。而梵宫的平均高度是二十多米，最高点达六十多米。这种大空间带来的挑战不仅仅是尺寸的放大，更是设计感受的经验缺失。那时我们经常去外滩，去南京路，那里的马路有十几米宽，和梵宫的廊厅差不多。通过站在马路上想象，再抬头看看七八层高的大楼，脑海里浮现的是梵宫的空间高度，就是靠着这样的想象慢慢去体会，去设计。有时图纸太大，画完都没地方看实效，需要用 3 台投影机叠起来在二十几米高的墙上投放，看过效果后再打一比一的小样，大家确认后才具体实施。这是以前从没有遇到过的困难。经历种种，最后细数，在这个项目中，我们几乎完成了一个类似 EPCM 的工程，从创意、设计，到后期的施工控制、艺术采购，真正做到了“完全定制”。

（右上）廊厅飞天实景

（右下）华藏世界细部实景

（左）圣坛前厅实景
（右上）圣坛效果图
（右下）圣坛实景

传统文化的“全新诠释”

随着灵山梵宫的问世，争议和赞誉接踵而来。争议的声音主要来自于国内的建筑设计界。有人认为，在如今崇尚简约和理性建筑的国际主流设计环境中，无论是从社会责任还是环保观念的角度来说，这个设计都是一种过度的张扬和浪费。而更多的赞誉则来自社会各界。世界佛教论坛、世界公益论坛、道德经论坛甚至年度星尚大典等大型活动，都纷纷选择在灵山梵宫举行。中国文物局有关人士也来考察梵宫，提到近些年的社会发展迅速，许多工程精度难有保证，可仔细推敲的精品少之甚少。更赞叹这是一座能留给历史的建筑，可以申请全国文物保护单位。有人还认为，这个项目“开启了中国的文艺复兴”，如果说欧洲的文艺复兴是那个时代的人们希望复原古罗马时期的辉煌，那么对于当下中国突飞猛进、一日千里的发展阶段，灵山梵宫的建成正是呼应了人们希望回归中国传统、重新缔造荣耀的梦想。把工程设计、施工推向精致化、完美化，也为后人立下典范。

非常庆幸，因为灵山梵宫这个项目，我们的团队获评“首届中华文化年度人物”的殊荣，主创设计师陆嵘作为团队代表登台领奖。这个作品的巨大社会影响力，也让整个设计团队受到了莫大的鼓励，对于设计的价值的深深感慨。通过一个开创性的设计项目，能引发整个社会对中华传统文化的再度思考，成为其价值所在。这也是这个项目堪称“设计里程碑”的原因之所在。

（左上）会议区中庭效果图
（左下）会议区中庭实景
（右上）藏传厅效果图
（右下）藏传厅实景

无锡灵山五印坛城

项目阶段：竣工
建设地点：中国无锡
设计面积：约 8 000 平方米

原汁原味的
藏传文化博物馆

五印坛城，这是一座严格按照传统工艺建制、建造的藏传佛教建筑——金顶、红白两色的外墙……浓烈的藏式风格，充满了庄严而神圣的宗教气息。

同样是蓝天之下，然而这座建筑并不在藏区，而是身处江南的无锡；设计者也不是藏族人，而是一个对藏传佛教文化从头学起的年轻的设计团队。如今，它已然成为一座原汁原味的"藏传佛教文化博物馆"——从建筑渗透到室内、到展陈。

驾轻就熟的设计流程

五印坛城与灵山梵宫地处同一轴线上，在周边“香水海”的围绕、映衬之下，与梵宫遥相呼应。室内设计上也颇有统筹和借鉴。

设计灵山梵宫时，其中有一个藏传佛教会议厅——相应堂，我们为此翻阅研究了很多文字史料作参考。设计完成之后，因涉及到藏传佛教的特殊文化与传统，业主曾请西藏文化研究所的专业人士也出过一套设计方案后。经多方考虑、比较后，按照我们的设计方案进行最后的实施，整个施工过程中，西藏工匠全程配合施工，最终达到了令人满意的效果。

有了这第一次的试验成功，更积累了相关经验，五印坛城的设计便相对驾轻就熟。遵循梵宫的设计步骤：

一，多方请教文化、佛教方面的专家、顾问，确保设计中的一切细节不与佛理相悖；二，梳理出最能代表藏传佛教文化的艺术形式和建造材质，如彩绘、铜雕、酥油灯等；三，寻找传统藏传佛教的工艺大师，集中最优秀的资源，通力合作。整个过程中，除了做好室内设计的本份之外，我们依然担任“执行总导演的角色”，给每一位“演员”分配角色、搭戏，让设计、施工和艺术家的工艺相互和谐、融通，确保整体的完成效果。

（左）大殿实景

（右）建筑外立面实景

藏传佛教的艺术展厅

整座坛城占地面积仅为六千余平方米，高度约 32 米，6 层的建筑结构紧凑、整体性强。经佛教专家论证，五印坛城为“五方五佛”概念，故坛城内供奉着“南方宝生佛、西方阿弥陀佛、北方不空成就佛、东方阿閦佛、中央的毗卢遮那佛”这五方五佛。更基于展示的是藏传佛教文化艺术，室内设计的展陈包含了很多西藏地区的文化艺术形式：唐卡、木雕、铜艺、布贴画等等，均各有各的坐落之处，相得益彰。

尽管不是“第一次吃螃蟹”，但五印坛城项目对设计仍然带来很大的挑战。特别是年轻一代的设计团队，又非佛教徒，对藏传佛教文化并不太熟悉。针对这些难点，我们不仅依然大量参考研究文字资料，更深入不同藏区进行实地考察。与专家、顾问、共同参访了众多藏族寺庙，又从头到尾仔细观摩、研究了唐卡等的藏传佛教艺术制作过程，使我们对藏传佛教及相关艺术有了越来越深入的理解、甚至是迷恋。

五印坛城的功能定位是建成一个藏传佛教的艺术展厅，通过参观可以了解坛城（即曼陀罗）的来源，并对藏传佛教的艺术形式和佛理有一个大致的了解。

（左）大殿实景

（右）大殿顶部实景

（左）2层大殿实景
（右）大殿局部实景

（左）大殿油灯墙实景
（右上）大殿顶部实景
（右下）大殿实景

酥油供灯的震撼魅力

藏区的寺庙里那一盏盏长明不息的、传统工艺打造的酥油灯，每每会带给人们强烈的震撼。而西藏文化的独特魅力，很大程度上也正留存于那些传承了千年的传统习俗和传统工艺上。藏民们带着自己的酥油灯去寺庙里供奉，千盏万盏，昼夜长明，气势恢宏。不仅如此，藏族人家中往往也燃点酥油灯。经书记载："酥油灯宛如点亮世间的火把，使火的慧光永不受阻，让肉眼变得极为清亮，排除愚昧之黑暗，获得智慧之心"。

正源于此，最终确定的室内空间设计方案，营造出万盏酥油灯闪烁舞动的壮观场面，来突显坛城中藏传文化的原汁原味。我们采购了2 000 盏传统的酥油灯，又另外定制了8 000 盏特制的油灯，供奉在佛像面前，形成佛、灯共奉，光华普照的景象。为解决消防安全，又和灯光设计公司一起反复商量和推敲、实验最终通过电子技术，逼真地呈现出烛光摇戈的室内灯火空间氛围，这样既实现了万盏酥油灯带来的震撼，又保证了室内的安全性。

整个工程中所有的工匠仍然都是从西藏请来的，他们大都在寺庙里工作过多年。这样可以保证他们对藏传佛教的有关佛事、图案、纹样、雕刻等环节都了如指掌，无需要再花时间培训，便能保证最终设计效果的原汁原味。特别是其中的锻铜工艺，全靠西藏工匠手工锻打。散布在建筑各个角落的柱身包铜，门环拉手…… 部件多、尺寸小，所有这些都是藏区工匠用紫铜慢慢手工敲打出来的。整个过程我们领略其间，不仅受益，更感叹这些传统文化的文明之美。

为了室内展陈的求实求真，我们专程拉萨实地采购，在八角街等地方搜罗了很多藏人的日常生活用品：银质的马鞍、精美的铜器、饰物等，全然是西藏的原汁原味，这也成为后期展陈布置中的点睛之笔，从另一个层面增加了藏式风格的真实感。

（左上）大殿局部实景

（左下）大殿实景

（右下）大殿四方佛佛像实景

现代科技承传统工艺

在协调运用各种传统工艺的过程中，我们尽量不去修改它的本来面貌，仅就不同工艺之间，如雕刻与绘画之间的图案比例、彩度和亮度调整等提出指导意见，从而起到穿针引线和弥合过渡的作用。

从外观来看，五印坛城是严格按照传统工艺建造的藏传佛教风格建筑。但事实上，它又并不是一座真正的寺庙，而是一个展示藏传佛教文化的场所。这里没有上香的地方，也不做佛事，但那万盏酥油灯及藏式转经筒让游客如同亲临藏区寺庙。这种独特的体验，正是五印坛城的策划和设计的初衷。让游客在相对较短的时间里，了解藏传佛教文化、领略传统文化之美，在留下直观印象的同时，由衷地产生出一种亲切感。唯有这种亲切感，才能让那些对藏传佛教文化感兴趣的人继续深入地探索和领悟。

从这个角度出发，在用色方面，既选用了藏人藏艺的传统手法，又摈弃了原始创作中的纯红、纯绿，而是融入了岁月的印痕，用暗红色和略带岁月感的青绿色，加之龟裂的、斑驳的漆面，进一步增加了其历史的厚重感，这点也是得益于梵宫藏传厅的实践经验。整个空间，依然将现代灯光无痕地融入到传统色彩之间，呈现出一个唯美而略带神秘的室内氛围，给游客带来震撼、感动和怀念。以灯光调和色彩，在原来藏式建筑色彩的基础上勾兑出一个特别的、神秘的感觉，让当今的各方游客更容易接受和喜欢。

九华山弘愿堂

项目阶段：竣工

建设地点：中国九华山

设计面积：约 21 384 平方米

融合地域文化的佛教殿堂

如果说灵山梵宫给人“气势恢宏”的感觉，那么九华山弘愿堂可用“地气上腾”来概括。二者同为佛教建筑，又各有精妙不同。

宏愿堂以黑、白、灰为环境主色调，加入“徽派三绝”（石雕、砖雕、木雕工艺）为主要艺术元素，将徽派建筑的一招一式，一砖一瓦，恰如其分的融入其中。最终呈现在游客面前的是一座带有浓郁徽派地域特色的佛教艺术殿堂。

（左上）地藏菩萨铜像实景
（左下）中庭实景
（右）主门厅承台水景效果图

起因诚意感恩，固然静气凝神

九华山与山西五台山、浙江普陀山、四川峨眉山并称“中国佛教四大名山”，其中九华山为地藏菩萨道场。2009年，当地立志打造一个全新的、高起点的景区。源于“地狱未空誓不成佛，众生度尽方证菩提”的地藏菩萨大愿，故园区名曰“大愿文化园”。那时，正逢世界佛教论坛在灵山梵宫圆满闭幕，佳名远扬。池州市政府决定，以灵山梵宫的模式在文化园中打造一座弘愿堂，邀约因此而至。虽然路程遥远，往来不便，但感于诚意，我们最终还是迎纳了这个项目。

弘愿堂为大愿文化园礼佛空间序列的起点，总设计面积21 384平方米，其间将展示佛教文化、地藏文化及九华山人文自然。要将这座主题展览馆打造成弘扬佛法的文化艺术殿堂，必得静气凝神，必得精雕细琢。在前后打磨的两年多时间里，业主方面没有要求赶工期，及至中途政府换届，也没有为了政绩而刻意加快进度。正是这种对设计、对艺术的尊重，才成就了弘愿堂的精品感。

地藏佛光千年普照，智慧灵光蕴于九华

最初的理想期，业主曾提出“超越梵宫”四字。经成熟的思考和多次沟通之后，逐渐形成了共识：无畏不能，但求特色。惟愿延续徽派传统、弘扬地藏佛光，方为上策。梵宫称得上是无中生有、横空出世，而九华山则自有其历史传承，地藏菩萨文化根植千年，一脉相承，深入民心。在设计定位上应当是各具特色的。

彼时，弘愿堂的建筑空间已然形成。整体以徽派建筑为原型，高低错落，变化曲折，层层叠叠，既有江南园林的意象，更呈现出徽派建筑独有的内敛低调、耐人寻味。其俊逸气度，与中国传统文化背景较为契合。基于此，弘愿堂的室内设计进一步发挥徽派建筑的特点，在基于功能的原则之上，以黑、白、灰三色为基调，赋以灯光的渲染，雕琢出韵味十足的艺术细节，营造一种含蓄、低调而又不失文化底蕴的独特气质。

（左上）主门厅实景
（左下）主门厅效果图
（中下）中庭立面图
（右上）中庭沙盘与佛龛实景
（右下）中庭栏杆细节实景

不為自己求安樂
但願眾生得離苦
得一向意勤求佛道
說微妙法饒益眾生
能於眾生施無畏
普使世間得大明

（左）中庭佛龛经文柱实景

（右上）中庭空间实景

（右下）中庭木雕艺术壁龛细节实景

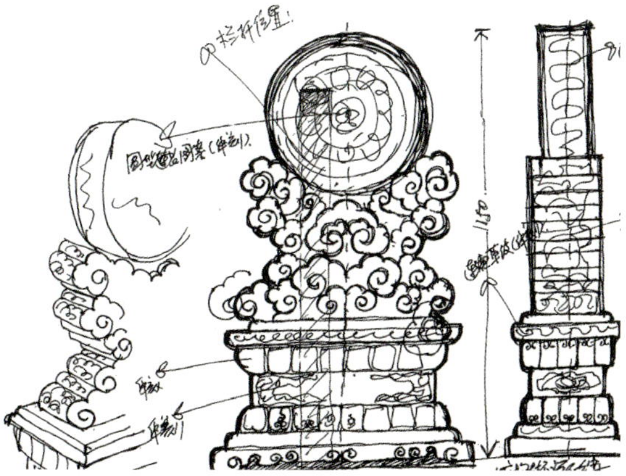

传承融合地域文化

九华名山，千年至今，遍布古刹。每一寺每一堂各有千秋，又共承古韵。我们徒步遍访，用心体会着一处处的细节、特色与传统，其文化基因都不经意地流淌其中。我们惟愿用设计将这些关于文化传统、宗教信仰的基因，在各个不同的功能空间中，继续的传承下去。

九华山一带，徽派的传统工艺，特别是“徽派三绝”（石雕、砖雕、木雕），曾经在民居中广泛应用：房梁、屋檐等，随处可见，亦然成为人们生活的一部分，代代流传。而近些年来，民间工艺走上精品化路线，成为生活之外的艺术品，难免有曲高和寡之虞。在弘愿堂的设计中，我们尝试探索一条新的文化传承之道，把传统工艺与建筑结合，而非仅仅成为工艺品和摆设。

感恩佛教专家的共同努力，将地藏菩萨的故事传说提炼整理成各种图案，通过砖雕、砚雕、木雕、石雕、掐丝珐琅（景泰蓝）、瓯塑等不同形式的工艺手法去表现，最终融入到整个弘愿堂的不同室内空间里。主门厅内，大理石壁龛里是以《九华山古十景》为主题的掐丝珐琅圆形壁画。中厅墙上，是精美的 8 幅鎏金木雕，描述了《地藏菩萨本愿经》中所载地藏菩萨的本生故事。在地下厅里，则分布着 10 幅由中国工艺美术大师创作的瓯塑作品，表现了佛教“劝十善”的内容。这些作品层次丰富，立体感强，如江南春雨般浸润于徽派建筑之间。

（左上）主门厅效果图

（左下）主门厅实景

（右上）中庭栏杆铜制抱鼓石手绘草图

（右下）劝善厅玉雕地藏菩萨像实景

持称度量“传统与现代”

在设计与传统文化相关的现代建筑内部时，关键点是要找到现代与传统的平衡，重新演绎传统工艺的同时也要与时俱进。两者间的无缝连接始终是我们关注的要点。设计上遵循传统技艺，但不是简单的整旧如旧。要加入现代审美及科技，却不能显得牵强或者虚浮，一切只为呈现出整体的和谐。以弘愿堂的整体色调与传统木雕构件来平衡，为了融入整体基调是黑、白、灰主的空间，木雕就需舍去原木的本色，加入一点灰，从而与整体建筑装饰风格更相协调。

在制作流程控制上，对传统流程加以改进、完善。以前砖雕的工匠都各自为政，标准各异，成品各式各样。而在弘愿堂的砖雕制作过程中，我们和工匠共同设计一套完备的流程：先制作完美模板件，再修改定稿，建立标准，然后由工匠都按照这个标准去执行，保证最终成品的品质统一。

弘愿堂整个实施过程中，我们也不断地向那些工艺大师和艺术工匠学习，从中领略中国传统文化及工艺的内在美，也感受到传统文化潜移默化中对中国文化强大的影响力。几名年轻设计师在九华山归来后，都不约而同被传统文化深深吸引；后来利用假期，也多次去了国内各个地方的寺庙游览、学习，仅山西五台山的佛光寺就去过 3 次，每次都能感受到不同的震撼。在当下这个崇尚功利、追求“短平快”的时代，这个项目带来了凝神静气的沉淀，让我们能够脚踏实地静下心来专注到设计之中，实乃荣幸。

（左上）主门厅效果图
（左下）主门厅实景
（右上）报告厅效果图
（右下）展厅效果图

心中的遗憾，经验的基石

弘愿堂的空间我们并没有全盘打造，其几个展陈空间的最终呈现并非一脉所承。倒并不论及良莠，只是一台戏有两个导演，难免有些不协调。再者，项目前期的统一策划阶段，运维方面的缺失也使本项目在当下的实际运营中举步维艰。这也不能不说是一个遗憾。

上海松江广富林知也寺

项目阶段：竣工

建设地点：中国上海

设计面积：约 2 900 平方米

别样的传统寺庙

这是一座传统寺庙。有山门，有法堂，有大雄宝殿，一切都按照传统寺庙的形制建造。

这又是一座不一样的寺庙。巧妙的灯光，庄严之上更添辉煌；温和的地面，精致素雅中带着恭谦；绚烂的琉璃，在光的动与静之间讲述现代禅意。所有这一切，是因为我们既想还原一个历史与传统的相承演绎，又想实现艺术与设计的升华突破。

遗址之上的重唐寺庙

与其他项目不同，知也寺是一座真正的古刹。它位于松江广富林的遗址上，也就是众所周知的上海起源地。遗址曾发掘出大型汉代建筑构件，以及不同时期的先民生活文化印记。如今的开发计划中，这里将修建一座庙宇、一座庵堂，还有道教的道观城隍庙和关帝庙，通过继承传统的儒释道文化精髓，重塑隽永历史文脉。

既然是遗址复原，那就不可能凭空建造。这个全名为“知也寺尧舜禹纪念馆”的项目，在我们承接设计时，寺庙的基本建筑已经完成。山门、法堂、大雄宝殿，一切都依照传统寺院的形制建造。挑战在于，要在文化与传统手工的尊重因袭之上，寻找现今时代弦音的复兴。

几经翻阅史料，用心查证寺庙的原貌。听取知也寺住持的意见，又多方考察走访。除了佛家寺院，为在总体上更精准地把握该庙宇的精髓，我们还去武当山、西安等地考察道观和道教文化中心。发现那些留存千年的古刹，如今虽外观破旧，但内里系统极为精致，传统文化和手工艺的雅韵历久弥香；而诸多新修寺庙虽大体相仿，但雕刻、用料等细处却粗陋许多。

因广富林遗址坐落于松江大学城近旁，拟在寺庙中供奉文殊菩萨（因为文殊菩萨代表聪明智慧）。这些都是在设计之初比较基本的想法。然而最大的设计初衷是，如何在一个传统形制的寺庙设计中能够有新的突破。

（左）山门殿实景

（右）前院局部实景

（左）文殊殿前院实景
（中上）水鼎手绘图
（右上）庭院景观手绘图
（右下）前院景观细节实景

传统寺庙的现代感

提起传统寺庙，大多能联想到这样的场景：方正的寺院，狭小的空间，光线幽暗。信众、游人们入庙，无非烧香、磕头、捐香油钱，兜一圈就没事了……我们希望通过设计能使这些方面有所改变，打造一个庄严纯净的参佛场所。尊重传统寺庙既定的清规戒律，又不囿于其中，用新的技艺和材质，提升观庙礼佛的体验感。

走进知也寺，与众不同的地方在于木材的大量使用。墙面壁画以东阳木雕为主，不仅木饰面精致生动，木材本身的触觉更为空间增添了亲切感。室内地面铺设也有别于一般寺庙的冰冷石材，而使用木地板，显得洁净明亮，令整个空间温暖了许多。关于木地板，一开始毫无疑问是有争议的。因国内的寺庙少见木地板，怕人来人往，有所损耗，又不便清洁。但这个主张并非是突发其想，为变而变。而是在无数次的考察中，看到很多僧人在冰冷的地面做早课，寒风中步入殿堂，有信众及游人瑟瑟发抖……为什么不可以用木地板呢？我们罗列出众多实例及理由：在日本、东南亚等地，寺庙中采用木地板极为常见，脱鞋进入即可。这样一来不仅营造了庄严的气氛，参佛的仪式感也令人油然而生。

如果说木材的突破使用为知也寺带来温暖亲切的触感，那么琉璃与光线的完美配合，更是整间寺庙气氛调节的点睛之笔。用琉璃来制作佛像本身，并将之运用到整面墙壁，无疑又是一种创新设计。透光性极佳的琉璃，在经过设计的光照下，生机灵动，一改佛堂的阴冷凝重。殿堂内部从整体环境到佛像、案台陈设，其间的主次关系、明暗对比在灯光的调和下显得恰到好处。既不失细节的雕琢，也烘托出整体的圣神气氛。

庭院效果图

方丈认可的新设计

知也寺的住持不仅精通佛法，更是一位颇能接受新鲜事物的现代僧人。他平日有很多机会去国内外各地参加佛教活动，眼界开阔、才思敏捷，因而非常认可我们的创新设计。如今，知也寺以传统的制式，与众不同的管理模式迎接着每一位信众、游人。没有杂音喧沸，没有局促幽暗，褪履入殿、静心参礼……呈现给人的是寺庙应有的美好庄严，清凉宁静。这些正是因设计而带来的改变。使我们更加坚定，只要由心发起，合理坚持，在传统中力求的创新及改变也是可以实现的。

（左）大雄宝殿效果图
（右上）佛像细节实景
（右下）大雄宝殿实景

曲阜尼山圣境大学堂

项目阶段：施工图

建设地点：中国山东

设计面积：约 62 805 平方米

大学堂效果图

御門

（左）台阶长廊效果图

（右）台阶长廊手绘图

（左）智厅效果图
（右上）礼厅效果图
（右中）义厅效果图
（右下）信厅效果图

汉中兴元汉城汉宫汉源博物馆

项目阶段：方案

建设地点：中国汉中

设计面积：约 70 000 平方米

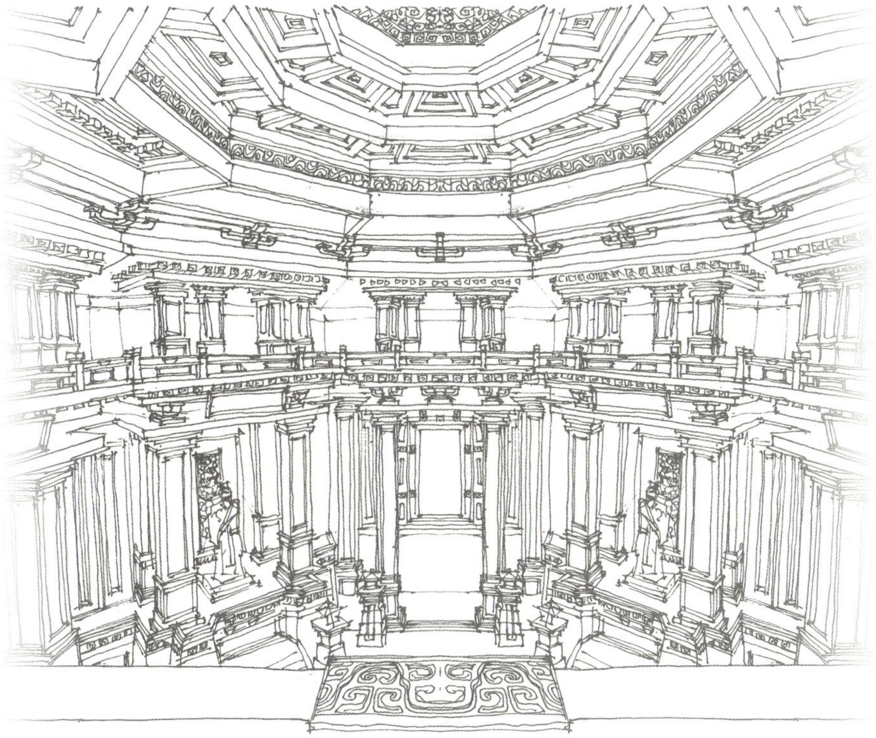

（右上）三圣殿手绘图
（右下）三圣殿效果图

（左上）游客中心效果图

（左下）水下长廊效果图

（右）三祖殿手绘图

（左）六贤殿效果图

（右）汉文化环廊效果图

句容茅山风景区
道教文化演艺中心

项目阶段：施工期
建设地点：中国句容
设计面积：约 25 000 平方米

道坛大殿效果图

道法自然

（左上）剧场效果图
（左下）剧场天幕效果图
（右上）剧场前厅效果图
（右中）会议室效果图
（右下）贵宾休息室效果图

大理药师佛大殿

项目阶段：方案

建设地点：中国云南

设计面积：约 22 000 平方米

（上）大殿外立面效果图

（下）琉璃宫过厅效果图

（左上）十二神将长廊效果图

（左下）十二大愿效果图

（右上）银殿环廊效果图

（右下）贵宾接待厅效果图

项目阶段：方案
建设地点：中国河南
设计面积：约 30 000 平方米

鲁山中原大佛·须弥座

项目阶段：方案
建设地点：中国河南
设计面积：约 30 000 平方米

门厅效果图

（左）须弥座天梯效果图
（右上）餐厅包房效果图
（右下）贵宾接待厅效果图

呼伦贝尔中华天竺园

项目阶段：施工期

建设地点：中国呼伦贝尔

设计面积：约 18 000 平方米

心经殿效果图

（左）水晶宫夜间效果图

（右）转经筒殿效果图

威海环翠楼

项目阶段：竣工

建设地点：中国威海

设计面积：约 5 000 平方米

幸福玉泉效果图

（左上）配楼茶室效果图
（左下）多功能厅效果图
（右上）梁方垂花手绘图
（右中）多功能厅彩立面图
（右下）建筑立面效果图

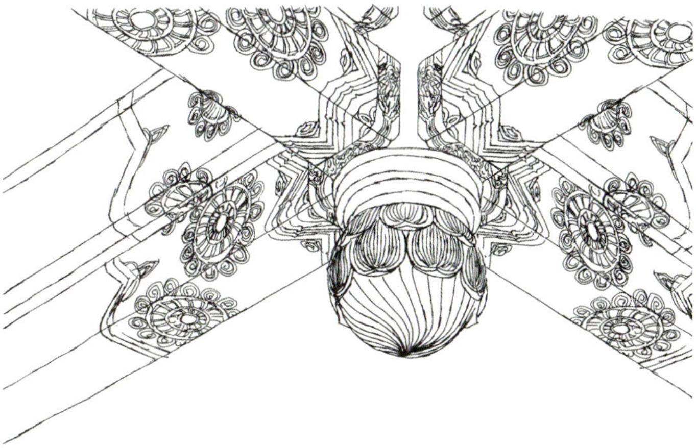

内容提要

《设计背后的故事》一书是上海禾易建筑设计有限公司多年来工作成果的总结，它记录了公司过去完成以及正在进行中的诸多项目，项目类型涵盖机场、酒店、博物馆、办公楼、产业园、创意园区、会议中心、餐厅、会所、历史建筑保护与更新设计等，着重室内设计，同时也涉及建筑设计和公共空间设计。

书中以精美的编排结合深度的撰文，从“创意的故事”“设计的灵感”“功能的整合”“工艺的秘密”四个角度出发，全面解读了禾易团队对于设计得失的反思与总结，让更多人得以了解不同背景、环境下设计创意的由来，设计之中的修整、退让、多元合作，诸多存在的设计问题以及相关的解决方法。本书是他们成长经历的回顾，也是中国室内设计学科发展的缩影，更是专业设计人士、室内设计爱好者必备的参考书籍。

图书在版编目 (CIP) 数据

设计背后的故事 / 胡平主编 . -- 上海 : 同济大学出版社 , 2016.4
ISBN 978-7-5608-6133-3

Ⅰ . ①设… Ⅱ . ①胡… Ⅲ . ①建筑设计 – 普及读物 Ⅳ . ① TU2-49
中国版本图书馆 CIP 数据核字 (2015) 第 302750 号

设计背后的故事
胡平 主编

责任编辑 常科实
责任校对 徐春莲
装帧设计 上海示尊文化传播有限公司
出版发行 同济大学出版社 www.tongjipress.com.cn
(地址 : 上海市四平路 1239 号 邮编 : 200092 电话 : 021-65985622)
经 销 全国各地新华书店
印 刷 上海锦良印刷厂
开 本 889mm X 1194mm 1/16
印 张 19
印 数 1300
字 数 624000
版 次 2016 年 4 月第 1 版 2016 年 4 月第 1 次印刷
书 号 ISBN-978-7-5608-6133-3
定 价 380.00 元